本书第二版荣获首届全国优秀教材奖二等奖

大学信息技术
应用基础实践教程

主编　齐幼菊

第三版

浙江科学技术出版社

图书在版编目（CIP）数据

大学信息技术应用基础实践教程 / 齐幼菊主编 . —
3版 . —杭州：浙江科学技术出版社，2021.2（2024.11重印）
　ISBN 978-7-5341-9462-7

　I.①大…　II.①齐…　III.①电子计算机—高等职业
教育—教材　IV.①TP3

中国版本图书馆CIP数据核字（2021）第024390号

书　　名	大学信息技术应用基础实践教程（第三版）		
主　　编	齐幼菊		
出版发行	**浙江科学技术出版社**		
	杭州市拱墅区环城北路 177 号　　邮政编码：310006		
	办公室电话：0571-85176593		
	销售部电话：0571-85176040		
排　　版	浙江新华图文制作有限公司		
印　　刷	浙江新华数码印务有限公司		
经　　销	全国各地新华书店		
开　　本	787mm×1092mm　1/16	印　张	11.75
字　　数	271 000		
版　　次	2009年8月第1版	2014年8月第2版	
	2021年2月第3版	印　次	2024年11月第21次印刷
书　　号	ISBN 978-7-5341-9462-7	定　价	32.00元

责任编辑　张祝娟		**责任校对**　张　宁	
责任美编　金　晖		**责任印务**　叶文炀	

再版前言

在以中国式现代化全面推进中华民族伟大复兴的新征程上，新一代信息技术发展迅速并广泛渗透到各行业。提升全民信息素养显得尤为重要。本教材基于具身认知理论，着重体现具身化实践教学的情境性、体验性及涉身性等内涵，以满足学习者的参与性、实践性和成果导向性学习需求为目标，以适切的教学内容，创建具身的情景性，选择以日常生活、学习以及工作场景为主线的实际应用案例作为实训项目，将学习置于真实情境之中，实现课程学习与现实生活工作的有机统一。

教材编写团队长期从事计算机基础教学改革与研究探索，将教学实践与工作任务、能力需求、综合素质培养相互渗透，突出学习者综合应用能力和团队协作能力的提升，以真正达到学以致用的目的。

本书是一本具有生命力的图书。本教材2009年第一版开始出版，2014年第二版修订，2022年第三版修订，经过不断的更新迭代和修订完善，已重印17印次，在全国各个省市高校，尤其在浙江省高校中，得到了普遍欢迎并长期被采用。本书第二版荣获了首届全国优秀教材（职业教育与继续教育类）二等奖。

教材采用工作任务为驱动的项目化案例教学设计思路，共分5个实训项目。每个实训项目由项目描述、项目目标、学习建议及若干任务组成，每个任务包含任务内容、任务分析和解决任务步骤，具有明确的学习目标和清晰的学习指导，循序渐进，便于学习者自主学习和协作学习。

本书由齐幼菊担任主编，由蒋融融、郑炜、虞江锋担任副主编，其中实训项目一由蒋融融编写。实训项目二、实训项目三由齐幼菊编写。实训项目四由虞江锋编写。实训项目五由郑炜编写。

十多年来，特别感谢关注本教材并给予宝贵意见和建议的所有师生，我们将紧跟信息技术和时代发展步伐，持续开展教学改革与实践研究，积极适应学习者多样化的学习需求，体现知识与现实情境的联系，引导学习者进行有意义的学习，推进教育数字化，建设全民终身学习的学习型社会、学习型大国。

编　者
2021年2月于西子湖畔

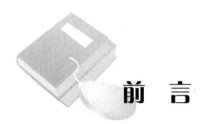

前　言

　　本书是大学生学习信息技术的实践教材,强调实践操作,突出应用技能的训练。全书选用日常学习、工作中经常遇到的实际工作任务作为实训项目。通过实训项目的实践操作,激发学习兴趣,把 Windows 10 操作系统、Microsoft Office 2016 办公自动化软件的基本操作技能应用到实际任务中,从而提高实际应用的能力和综合运用的水平,真正达到学以致用的目的,同时增强自主学习和协作学习的能力,养成善于独立思考的学习习惯。

　　本教材适合高职高专院校、开放大学(广播电视大学)、各类成人高校非计算机专业的信息技术基础和计算机应用基础课程使用,也可作为计算机应用基础培训教材和自学用书。

　　全书共分 5 个实训项目。实训项目一为 Windows 10 相关设置及附件使用,主要包括 Windows 10 的常用设置及应用。实训项目二为班级工作,主要包括整理班级工作文档、制作学生信息表、编制学生学习情况簿和撰写班级工作汇报稿等任务。实训项目三为课程学习,主要包括制订实训学习计划、整理课程学习笔记、撰写课程学习汇报稿、课程学习成绩互评等任务。实训项目四为调查分析工作,主要包括调查问卷设计、调查数据汇总、调查数据的统计与分析、调查结果汇报等任务。实训项目五为会议筹备工作,主要包括起草会议通知、拟定日程安排、拟定专家邀请函、整理会议资料、做好会议预算、设计并打印桌签、通过邮件分发会议资料等任务。实训项目一般由项目描述、项目目标、学习建议,及每个任务的任务内容、任务分析和解决任务步骤组成,具有明确的学习目标和清晰的学习指导,便于学生自主学习。另外,每个实训项目都设有相应的项目练习,促使学生进一步巩固和拓展所学知识。

　　本书由浙江开放大学齐幼菊教授担任主编,由浙江开放大学蒋融融、郑炜、虞江锋担任副主编,实训项目一由蒋融融编写,实训项目二、项目三由齐幼菊编写,实训项目四由虞江锋编写,实训项目五由郑炜编写。全书由齐幼菊教授完成统稿工作。

　　本书在编写过程中,参考了许多相关资料和书籍,在此恕不一一列举,编者对这些参考文献的作者表示真诚的感谢!

　　由于策划、组织、编写时间紧,加之我们的能力和水平有限,书中难免有错误、疏漏和不妥之处,恳请广大读者和同行专家给予批评和指正。

编　者

2020 年 10 月于杭州西子湖畔

目 录

实训项目一 Windows 10 相关设置及附件使用

本章要点

★ Windows 10 的任务栏设置

★ Windows 10 的个性化设置

★ Windows 10 的使用技巧

★ Windows 10 的常用附件使用

项目描述

数字中国是数字时代国家信息化发展的新战略,电脑在个体的学习和工作中必不可少。在日常电脑使用中,为了提高工作效率,实现个性化需求,经常需要对操作系统进行必要的设置,例如搜索栏的设置、输入法的设置等。实训项目一通过对 Windows 10 系统进行常见的设置,Windows 10 新增的设置以及 Windows 10 常用附件的使用,为我们今后使用 Windows 10 操作系统积累经验。

项目目标

通过本项目的实践操作,熟悉操作系统任务栏、个性化设置的流程,掌握常见 Windows 附件如画图、记事本的使用方法。经过实际项目的演练,能举一反三地学会更多的系统设置和软件的使用,并将学会的系统设置的方法应用到实际任务中,从而提高解决实际问题的能力。

学习建议

● 本项目涉及内容较多,应用性强,建议带着项目实训任务有目的地进行学习,遇到问题应及时解决。

● 本项目建议由2~4人组成实训学习小组,相互协作学习,利用讨论、交流等形式解决学习中的疑难问题。

● 认真完成项目实训任务,把所学知识真正应用到实际中,以达到学以致用的学习目标。

任务1　Windows 10任务栏设置

一、任务内容

Windows 10任务栏设置。

二、任务分析

任务栏是Windows操作系统最常用的功能之一,它不仅可用于查看应用和时间,也可以通过多种方式对其进行个性化设置,如更改颜色和大小、在任务栏中固定喜欢的应用、在屏幕上移动任务栏的位置以及重新排列任务栏按钮或调整其大小,还可以锁定任务栏来保留一些选项(如搜索框、智能小娜Cotana、任务视图等),检查电池状态并将所有打开的程序暂时最小化,以便查看桌面。通过本次任务,学习并掌握任务栏的常用设置以及个性化设置的方法和步骤。

三、解决任务步骤

1. 任务栏的常用设置

(1)右击任务栏任意空白位置,在快捷菜单中选择"任务栏设置"选项,跳出如图1-1和图1-2所示的"任务栏设置"窗口,拖动窗口右侧的滚动条可以浏览并设置"任务栏设置"窗口里的所有选项。

(2)锁定任务栏的设置:锁定任务栏,可以避免因误操作改变任务栏的位置或大小。当想要更改任务栏大小或改变其在桌面上的位置时,就需要先解锁任务栏。锁定任务栏可以在图1-1所示窗口中单击"锁定任务栏"下面的按钮,当按钮显示为蓝色,右侧文字为"开"时表示已锁定任务栏。锁定任务栏的另一种方式是右击任务栏空白处任意位置,在出现的快捷菜单中,单击"锁定任务栏"选项,当该选项前面有"√"的标注,表示任务栏已锁定,如图1-3所示。如果想解除任务栏锁定,可以将"任务栏设置"窗口中的"锁定任务栏"下方按钮设置为关闭状态,或者单击任务栏快捷菜单中"锁定任务栏"按钮,去掉"√"的标注。

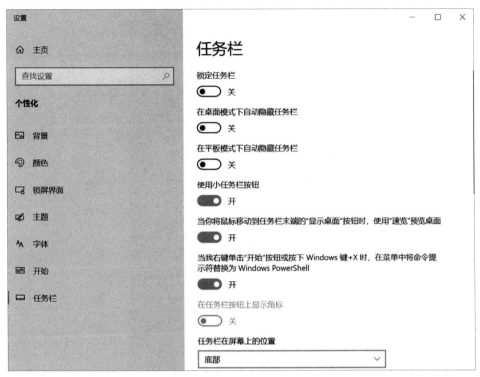

图 1-1 "任务栏设置"窗口(一)

图 1-2 "任务栏设置"窗口(二)

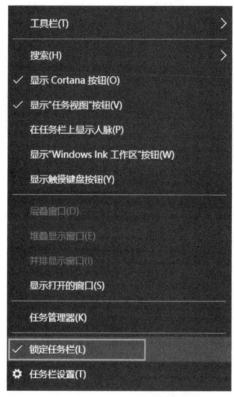

图1-3 设置任务栏快捷菜单

（3）自动隐藏任务栏的设置：隐藏任务栏是指当鼠标离开任务栏位置时不显示任务栏，可以最大化桌面或者应用程序窗口，隐藏任务栏的操作依据是处于桌面模式还是平板电脑模式。在图1-1所示的"任务栏设置"窗口中单击打开"在桌面模式下自动隐藏任务栏"或"在平板模式下自动隐藏任务栏"按钮（或两者都打开）。

（4）小任务栏按钮的设置：如果想要在任务栏上显示更多应用，可以显示较小版本的按钮，在图1-1所示的"任务栏设置"窗口中对"使用小任务栏按钮"选择"开"即可，选择"关"则恢复为较大的任务栏按钮。

（5）使用任务栏快速查看桌面设置：该功能设置可以用于快速查看位于所有已打开窗口后面的桌面上的内容，当把鼠标指针移动到任务栏最右侧的"显示桌面"按钮位置即可查看桌面，将指针移离该位置则可恢复所有打开窗口的视图。在图1-1所示的"任务栏设置"窗口中对"当你将鼠标移动到任务栏末端的'显示桌面'按钮时，使用'速览'预览桌面"选择"开"就开启了速览功能，选择"关"则必须要单击任务栏最右侧的"显示桌面"按钮才能查看桌面。

（6）任务栏位置的设置：任务栏在屏幕上的位置有四种选择，可以单击图1-1所示的"任务栏设置"窗口中"任务栏在屏幕上的位置"的下拉框，出现如图1-4所示的"靠左""顶部""靠右""底部"四个位置选项，根据使用习惯单击想要设置的任务栏位置。

图 1-4　任务栏在屏幕中的位置选项

（7）合并任务栏的设置：如果要更改应用按钮在任务栏上的顺序，可以直接将应用按钮从其当前位置拖到其他位置。当打开了多个应用窗口时，在默认情况下，同一应用中所有打开的文件始终分组在一起，即使非连续打开的也是如此，比如你打开了多个 Word 文档，所有的 Word 文档窗口都会集中显示在任务栏的同一个 Word 应用图标中。要更改任务栏按钮分组在一起的方式，可以在图 1-2 所示的"任务栏设置"窗口中对"合并任务栏按钮"进行设置，它的下拉框里有"始终合并按钮""任务栏已满时""从不"三个如图 1-5 所示的选项，通过单击选择不同的选项来设置在什么时候合并任务栏中的应用程序按钮。三个选项的含义如下：

①始终合并按钮：这是默认设置。每个应用都显示为一个无标签的按钮，即使打开该应用的多个窗口也是如此。

②任务栏已满时：该设置将每个窗口显示为一个有标签的按钮。当任务栏变得非常拥挤时，多个打开窗口的同个应用会合并到一个应用按钮。选择此按钮会看到一个已打开窗口的列表。

③从不：该设置将每个窗口显示为一个有标签的按钮，且从不对其合并，无论打开多少个窗口都是如此。打开的应用和窗口越多，按钮变得越小，最终按钮呈现滚动状态。

图 1-5　合并任务栏按钮选项

（8）通知区域的设置：通知区域在 Windows 10 任务栏的最右侧，又叫托盘区，会显示各种系统图标和常见的应用图标。因为空间有限，很多图标被隐藏在托盘区最左侧的向上箭头，也叫小三角形。通知区域的设置包括"选择哪些图标显示在任务栏上"和"打开或关闭系统图标"两种设置。前者可以把隐藏在小三角里的图标显示在任务栏上，后者可以选择打开或关闭系统图标，分别单击图 1-2 的"任务栏设置"窗口中"选择哪些图标显示在任务栏上"和"打开或关闭系统图标"的按钮，进入图 1-6 和图 1-7 进行选择。

图1-6 设置"选择哪些图标显示在任务栏上"

图1-7 设置"打开或关闭系统图标"

2.将应用固定到任务栏

操作系统可以将某个应用直接固定到任务栏，以便在桌面上快速访问。可以从"开始"菜单或"跳转列表"（如最近打开的文件、文件夹和网站的快捷方式列表）执行此操作。将应用固定到任务栏之后，也可以在需要时取消固定。接下来以应用程序腾讯软件QQ为例，完成将其固定到任务栏和从任务栏取消固定的步骤。

（1）单击桌面左下角的"▦"按钮，打开"开始"菜单，并在"开始"菜单中找到QQ应用程序的图标，如图1-8所示。

图1-8　将应用固定到任务栏(一)

(2)右击该应用图标,在出现的快捷菜单中选择"更多"→"固定到任务栏"并单击,如图1-9所示,完成后可以在任务栏的"应用程序区"看到QQ的图标,如图1-10所示,直接单击任务栏上的QQ图标即可打开QQ。

图1-9　将应用固定到任务栏(二)

图1-10　将应用固定到任务栏(三)

(3)要将应用程序从任务栏中解除固定,右击任务栏上的QQ图标,在出现的快捷菜单中单击"从任务栏取消固定",如图1-11所示。

图1-11　将应用程序从任务栏取消固定

3. 使用任务栏搜索功能搜索相关内容

任务栏上的"搜索功能"是 Windows 10 新增的功能之一,可以通过该功能输入关键字快速搜索系统内的应用程序、文档或者通过 Bing 网页搜索相关内容。

(1)任务栏搜索的显示。

①电脑上安装好 Windows 10 系统后会在任务栏上显示一个较大的搜索框,如图 1-12 所示,可以直接在框内输入内容进行搜索。

图 1-12　任务栏上的搜索框

②因为搜索框占用的任务栏空间很大,也可以将其设置为搜索图标 🔍 或者隐藏。右击任务栏空白处,在出现的图 1-13 快捷菜单中选择"搜索",在下级菜单里按照自己的使用习惯单击"隐藏""显示搜索图标"和"显示搜索框"进行设置。选中的设置前会出现"√"符号。本书后续内容均以任务栏上"显示搜索图标"为例进行搜索操作。

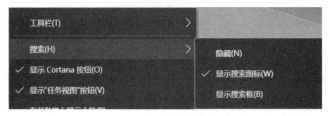

图 1-13　任务栏搜索显示设置

(2)搜索电脑里的内容。

使用任务栏的搜索功能可以查找本电脑中的应用或文档。单击搜索图标 🔍,出现图 1-14 对话框,默认为"全部"选项卡,会显示"热门应用""最近活动"和"快速搜索",可以直接在本页面搜索,也可以切换到"应用""文档"和"网页"选项卡搜索其他相关内容。

图 1-14　搜索电脑中的文档(一)

①本步骤要在本电脑中查找"实训项目"的相关文档,在图1-14的页面中,切换到"文档"选项卡,在窗口底部输入"实训项目"会直接在页面左侧显示匹配的搜索结果。最佳匹配的内容会显示在页面右侧,可以"打开"文档、"打开文件所在的位置"或者"复制完整路径",如图1-15所示。

图1-15 搜索电脑中的文档(二)

②如果在左侧列表里没有找到需要的文档,可以单击最下方的选项"在文件资源管理器中搜索"。

(3)搜索网上信息。

①除了搜索本电脑的信息,使用任务栏的搜索功能也可以直接搜索网页中的信息,类似于电脑内置的搜索引擎,在图1-14的页面中切换到"网页"选项卡,在搜索框输入"Windows 10任务栏设置",如图1-16所示的窗口右侧即为搜索结果。

②也可以单击页面下方的"b在浏览器中打开结果"按钮在电脑的默认浏览器中打开bing搜索页面,进一步查看更多的搜索结果。

图 1-16　搜索网页信息

任务2　Windows 10 的个性化设置

一、任务内容

Windows 10 的个性化设置。

二、任务分析

在使用电脑的过程中,为了方便各项操作以及对电脑使用环境进行美化,需要进行操作系统的个性化设置,本任务将从操作系统的个性化设置的各个方面,包括桌面与主题、计算机的日期与时间以及输入法设置等进行详细的描述。

三、解决任务步骤

1. 桌面与主题的设置

好看的桌面和屏幕保护程序可以给人带来好的心情,Windows 10 的桌面个性化设置可以直接使用系统自带的主题方案,同时也可以对壁纸、颜色、声音和屏保分别进行设置,并支持保存自定义的主题以便随时使用。

(1)桌面背景设置。

①右击桌面空白处,在出现的图1-17的快捷菜单中单击"个性化"选项,显示如图1-18所示背景设置窗口。

②单击"背景"下拉框,有"图片""纯色""幻灯片放映"三个选项,默认情况下为"图片",可在下方的图片列表中单击喜欢的图片作为桌面背景完成设置,也可以单击"浏览"按钮并选择电脑中保存的图片作为桌面背景,图1-19所示为浏览电脑中的图片。

图 1-17　个性化设置快捷菜单

图 1-18　设置桌面背景

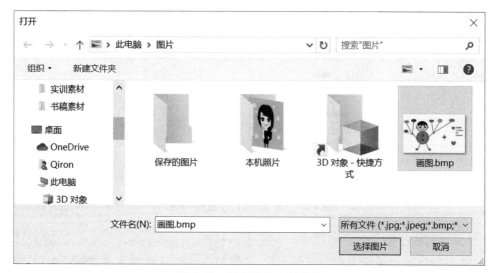

图 1-19　浏览电脑中的图片

③在图1-18中,设置"选择契合度",提供了"填充""适应""拉伸""平铺""居中""跨区"几种选择,默认为"填充"选项,按照图片大小的不同显示会有所不同,可以逐一尝试。

④若将图1-18中的背景选择为"纯色"选项,下拉框下会显示"选择你的背景色"色块列表,如图1-20所示,单击相应色块后,色块右上角会出现"√"符号,桌面背景设置为该色块的纯色桌面。也可以单击色块下方的"自定义颜色"按钮,有色块列表之外的更多颜色供选择。

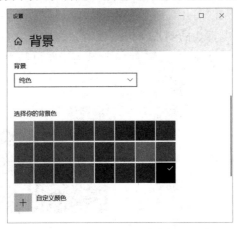

图1-20 设置"纯色"桌面

⑤若将图1-18中的背景选择为"幻灯片放映"选项时,如图1-21所示,下方会显示"为幻灯片选择相册",系统提供了"鲜花"背景相册,也可以单击"浏览"按钮选择本地电脑存放的某一系列图片所在的文件夹,下方还有"图片切换频率""无序播放""在使用电池供电时仍允许运行幻灯片放映"和"选择契合度"选项,可根据需求进行设置。

图1-21 设置"幻灯片放映"桌面

(2)窗口颜色设置。

①将图1-18的个性化设置窗口最大化,并且单击左侧导航窗格的"颜色"按钮,切换到"颜色"设置窗口,如图1-22所示。

②"选择颜色"下拉框有三个选项"浅色""深色""自定义",不同的选项,下方的色块列表会有所区别。

③"深色"则选择用系统自带的"深色"主题色,各窗口颜色为深色系,颜色偏暗沉。

④"浅色"则选择用系统自带的"浅色"主题色,各窗口颜色为浅色系,颜色偏淡雅。

⑤"自定义"可在系统提供的色块列表或调色盘中选择任意颜色,满足更加个性化的需求;如果要设置图 1-23 中的"开始"菜单、任务栏和操作中心颜色,必须选择"自定义"颜色,并且"选择你的默认 Windows 模式"为深色,否则该复选框会变为灰色,无法进行设置。

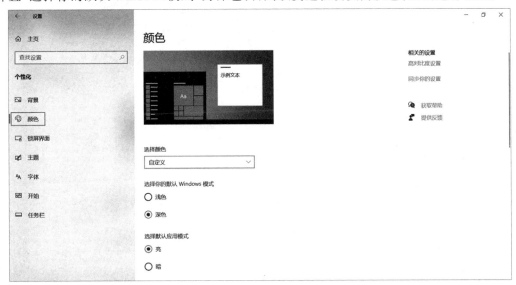

图 1-22 设置"颜色"窗口(一)

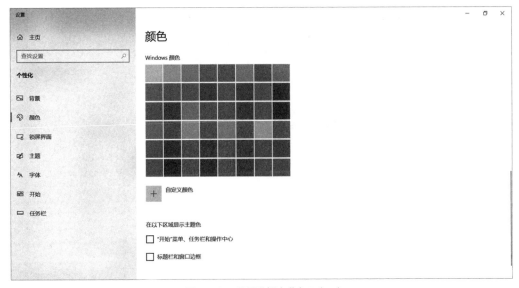

图 1-23 设置"颜色"窗口(二)

(3)屏幕保护程序的设置。

①单击"个性化"设置窗口左侧导航栏的"锁屏界面"按钮,切换到"锁屏界面"窗口,如

图1-24所示。

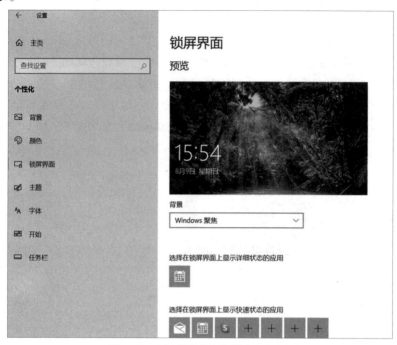

图1-24　设置"锁屏界面"窗口(一)

②下拉窗口滚动条,找到"屏幕保护程序设置"按钮,如图1-25所示。单击该按钮,打开如图1-26所示的"屏幕保护程序设置"窗口。

图1-25　设置"锁屏界面"窗口(二)

图 1-26 "屏幕保护程序设置"窗口

③Windows 10 的屏幕保护程序有多种形式可以选择,具体列表如图 1-27 所示,大致可以分成四类,分别为"无""3D 文字""照片""内置图案",除了前三项,剩下的选项都是"内置图案"。

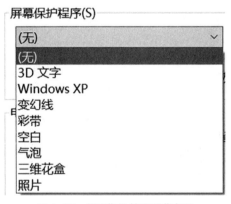

图 1-27 "屏幕保护程序"选项

④选择"无"选项,则系统不设置屏幕保护程序。

⑤选择任意一个内置图案选项,单击具体图案选项即可,如"气泡"。

⑥选择"3D 文字"选项,单击右边"设置"按钮,打开如图 1-28 所示的"3D 文字设置"窗口,如果想在屏幕保护程序上显示当前时间,单击"文本"内的"时间"单选框;如果想显示 3D 文字单击"自定义文字"单选框,并在右侧的文本框内输入文字。单击"选择字体"按钮进一步设置字体和字形;设置 3D 文字"旋转类型"和"表面样式",全部设置完成后单击"确定"按钮。

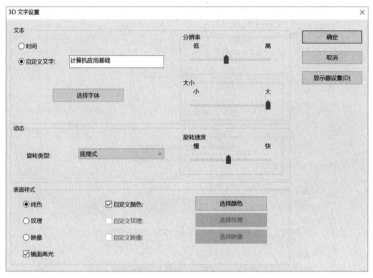

图1-28 "3D文字设置"屏幕保护程序

⑦选择"照片"选项,单击"设置"命令,打开如图1-29左图所示的"照片屏幕保护程序设置"窗口,单击"浏览"按钮,打开如图1-29右图所示的"浏览文件夹"窗口,选择想要设置屏保的一张或若干张图片所在的文件夹,单击"确定"按钮。还可以进一步在图1-29左图中设置幻灯片图片放映的速度和是否按顺序播放图片。全部设置完成后,单击"保存"按钮。

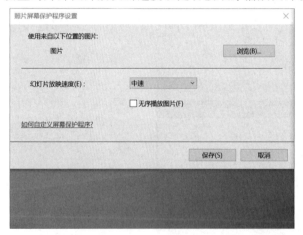
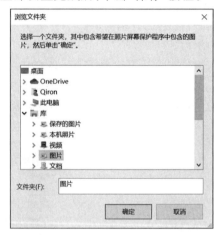

图1-29 设置"照片屏幕保护程序"窗口

⑧选择并设置屏幕保护程序选项后可单击图1-26中的"预览"按钮查看效果,还可以进一步调整"等待"时间窗口的数字设置出现屏幕保护程序的等待时间,比如设置为"12"分钟,则在不操作电脑12分钟以后自动出现屏幕保护程序,也可以选择取消屏幕保护程序并恢复正常界面时是否显示登录窗口。

(4)主题的设置。

①单击图1-24的"个性化"设置窗口左侧导航栏的"主题"按钮,切换到"主题"窗口,如图1-30所示。

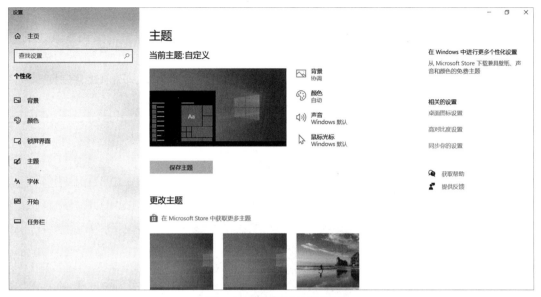

图 1-30　设置"主题"窗口

②单击自定义主题右侧的"背景""颜色""声音""鼠标光标"选项可跳转到相应的设置界面。

③单击"更改主题"下方的内置主题选项,可完成主题更改,如单击"鲜花"主题。

④单击窗口右侧的"桌面图标设置"选项,打开如图 1-31 所示的"桌面图标设置"窗口,勾选"桌面图标"列表里要在桌面显示图标前的复选框并单击"确定"按钮,可在桌面上显示相应图标,方便快速打开相关图标应用,如"控制面板"。

图 1-31　"桌面图标设置"窗口

2. 日期与时间的设置

Windows 10任务栏的通知区域显示系统日期和时间,有时候用户需要调整系统的日期时间。

①右击任务栏上的系统日期时间图标,出现图1-32的快捷菜单,单击"调整日期/时间"选项,打开图1-33所示的"日期和时间"设置窗口。

图1-32　快捷菜单

图1-33　设置"日期和时间"窗口

②打开"自动设置时间"按钮自动同步时钟。

③打开"自动设置时区"按钮自动同步时区,时区下拉框会变成灰色;如果要选择手动

设置时区,关闭该按钮,在"时区"下拉框中选择相应的时区并单击设置。

④将"自动设置时间"和"自动设置时区"的按钮都关闭,单击"手动设置日期和时间"的"更改"按钮会打开"更改日期和时间"窗口如图1-34所示,调整为需要的日期和时间后单击"更改"按钮完成设置。

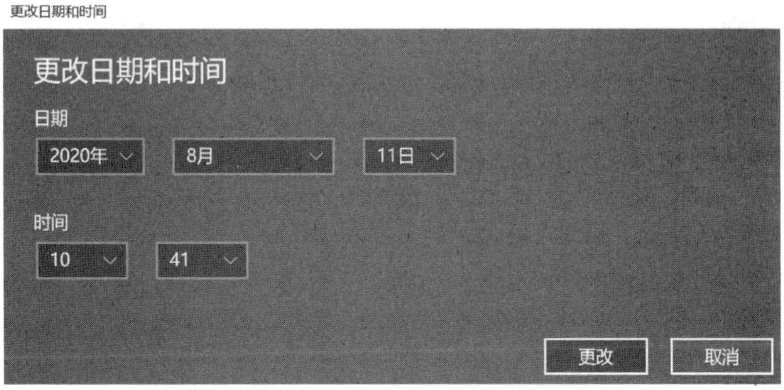

图 1-34　设置"更改日期和时间"

⑤将图1-33中的滚动条拉至最下方,找到"在任务栏中显示其他日历"下拉框,单击三个选项"无""简体中文(农历)""繁体中文(农历)"中某一项设置日历样式,设置的结果反馈可以单击任务栏的"日期和时间"图标进行查看,图1-35所示是"简体中文(农历)的"设置结果,每个日期下面会显示中文简体的农历信息,符合中国人的使用习惯。单击下方的"+"按钮可以在选定日期添加事件备忘,如图1-36所示,打开日历上的新增事件窗口,添加详细信息,单击"保存"按钮后可在图1-35中显示。

图 1-35　完整日历信息

19

图 1-36   日历事件添加窗口

3. 输入法的设置

在电脑中输入文字是一项非常重要的需求,文字内容需要相应的输入法控制输入,操作系统中提供了一些内置的输入法,有时候也需要根据个人使用习惯对输入法进行添加或删除的设置。

(1)添加输入法。

①单击图 1-33 左侧的"语言"选项,切换到"语言"设置界面,如图 1-37 所示。

图 1-37   设置"语言"窗口

②默认的语言是"中文(中华人民共和国)",在下方的"首选语言"中该默认语言的信息右边有一排图标 ,单击最右侧的"已安装的输入法图标" ,显示如图 1-38 所示的"选项"按钮。

图 1-38　已安装输入法选项

③单击"选项"按钮,打开如图 1-39 所示的"语言选项"设置窗口,拖动滚动条到窗口下方,单击"添加键盘"按钮,出现图 1-40 所示的"已安装输入法列表",该列表中输入法已在"键盘"区域显示,在列表里显示为灰色,图 1-40 所示已安装但尚未添加的输入法为"微软五笔",单击添加后即显示在键盘区域。

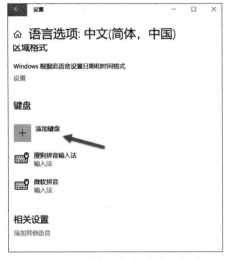

图 1-39　设置"语言选项"窗口(一)

图 1-40　设置"语言选项"窗口(二)

(2)删除输入法。在图 1-39 中的"键盘"区域,单击要删除的输入法,如刚添加的"微软五笔",下方会出现如图 1-41 所示的两个按钮"选项"和"删除",单击"删除"按钮完成操作。

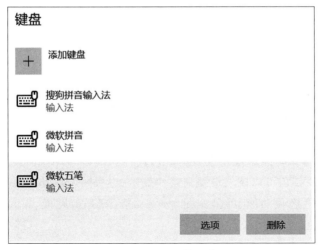

图 1-41　删除输入法

(3)设置默认输入法。一般把最常用的输入法设置为"默认输入法",在输入内容时无需进行切换。

①在图1-37中的"语言设置"窗口,单击最下方的"选择始终默认使用的输入法"按钮,打开如图1-42所示的"高级键盘设置"窗口。

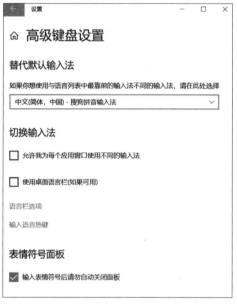

图1-42　"高级键盘设置"窗口

②单击"替代默认输入法"下拉框的箭头,打开"现有输入法列表",单击想要设置的默认输入法,如"搜狗拼音输入法"。

任务3　Windows 10的使用技巧

一、任务内容

Windows 10 的使用技巧。

二、任务分析

Windows 10操作系统经历过几个版本的迭代,随着系统的不断完善,功能越来越丰富,有一些很实用的使用技巧可以极大地提高工作效率,也可贴合移动手机和平板的使用习惯,本任务将介绍通知栏隐藏功能、屏幕截图、分屏功能、超强剪贴板、Windows快捷键等实用技巧。

三、解决任务步骤

1. 藏在通知里的功能

单击 Windows 10 任务栏最右侧的"通知"图标可以打开通知窗口,这里还隐藏了很多小功能,可以快速启动,提高工作效率。打开方式如下:

(1)单击任务栏右侧的通知图标█,打开通知窗口,如图 1-43 所示。

(2)单击"展开"按钮,显示通知里隐藏的所有功能按钮,如图 1-44 所示,共提供了 15 个功能按钮,操作界面和手机类似,可以启用平板模式,打开或关闭电脑定位,打开节电模式降低屏幕亮度节省用电,开启蓝牙,打开夜间模式方便夜间工作,连接移动热点,开启飞行模式,开启蓝牙和 WLAN 与附近的设备共享信息,打开设置窗口,设置网络连接,连接其他设备,快速投影,添加 VPN,开启专注助手,调用屏幕截图,每一个功能按钮都可以单击开启或关闭,也可以右击后进一步设置。

图 1-43　通知窗口(一)

图 1-44　通知窗口(二)

(3)调节屏幕亮度:拖动图 1-44 窗口最下方的滚动条,根据个人喜好调节屏幕亮度,往左移动亮度下降,往右移动亮度增加。

(4)"就近共享"设置。

①右击图 1-44 的"就近共享"按钮,选择"转到'设置'",打开"体验共享"窗口,如图 1-45 所示。

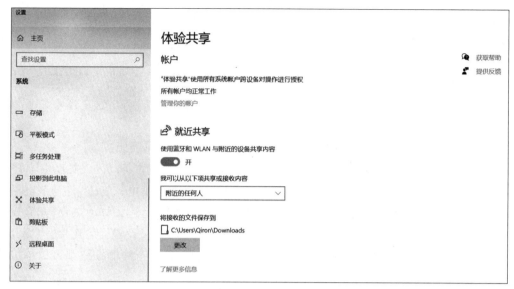

图 1-45　设置"体验共享"窗口

②打开"就近共享"下面"使用蓝牙和WLAN与附近的设备共享内容"的开关按钮。

③单击"更改"按钮设置接收文件的保存位置。

(5)"专注助手"设置。Windows 10的专注助手功能类似于智能手机上的免打扰功能,设置好后可以更好地投入工作或游戏,经过设置可以禁止所有通知,比如社交消息、邮件通知、系统和应用更新等;或者可选部分屏蔽,如仅接收指定的通知。具体设置步骤如下:

①右击图1-44中的"专注助手"按钮,选择"转到'设置'",打开"专注助手"设置窗口,如图1-46所示。

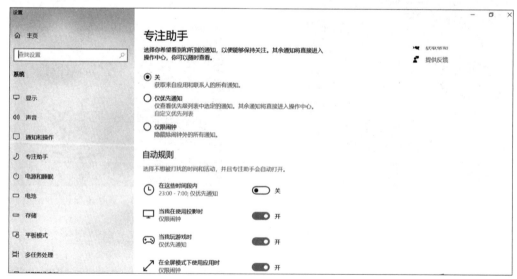

图 1-46　设置"专注助手"窗口

②在"专注助手"模式下可以接收的通知有三种情况:一是"关",代表关闭"专注助手",接收所有通知;二是"仅优先通知",按"优先级列表"的设置筛选通知;三是"仅限闹钟",即

关闭所有通知,闹钟除外。

③单击"仅优先通知"选项下方的"自定义优先级列表"链接打开"优先级列表"设置窗口,如图1-47所示,设置在"专注助手"模式下可以接收的通知类型,包括"呼叫、短信和提醒""人脉"和"应用"。

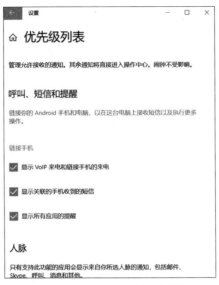

图1-47　设置"优先级列表"

④在图1-46中设置自动规则,依据不想被打搅的时间和行动做选择,开启"在这些时间段内"按钮,单击"在这些时间段内"文字,打开如图1-48所示的"在这些时间段内"窗口,选择具体的免打搅时间、重复率是"每天""周末"还是"工作日",专注级别是"仅优先通知"还是"仅限闹钟"。

图1-48　设置"在这些时间段内"

⑤选择开启触发事件"当我在使用投影时""当我玩游戏时""在全屏模式使用应用时",每一个选项都再进一步设置"专注级别"。

(6)屏幕截图。

①单击图1-44中的"屏幕截图"按钮,在电脑屏幕上方出现截图工具栏,如图1-49所示,共有"矩形截图""任意形状截图""窗口截图"和"全屏截图"4种方式可供选择。

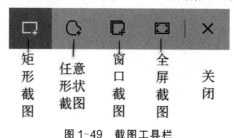

图1-49 截图工具栏

②确认截图方式后单击相关按钮,拖曳鼠标选择截取内容,松开鼠标,截图结果即保存在电脑剪贴板上。

2. 超强剪贴板

日常使用"Ctrl+C""Ctrl+V"的复制粘贴快捷键可以提高文字输入效率,但是复制操作只能保存最近一次的内容,想对多个复制的内容进行粘贴就十分不便,Windows 10提供了多个项目保存在剪贴板的功能。在设置中心开启超级剪贴板的功能,具体步骤如下:

(1)单击"开始"菜单的设置图标 ⚙,打开"Windows设置"窗口,如图1-50所示。

图1-50 "Windows设置"窗口

(2)单击图1-50中的"系统"设置项,打开"系统"设置窗口,单击左侧导航"剪贴板"选项,切换到"剪贴板设置"界面,如图1-51所示。

(3)开启"剪贴板历史记录"下方的"保存多个项目到剪贴板以备稍后使用。按Windows徽标键+V以查看您的剪贴板历史记录并粘贴其中的内容"按钮。

(4)使用"Windows+V"组合键访问剪贴板历史内容,如图1-52所示,选择一个项目复制粘贴它。

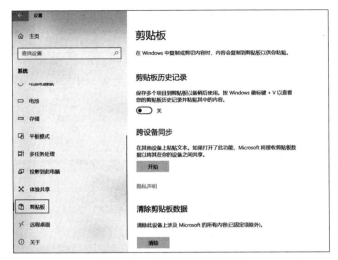

图 1-51　设置"剪贴板"窗口

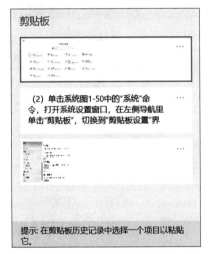

图 1-52　"剪贴板"内容

3. 分屏操作

使用电脑时不同应用窗口的多任务分屏是个很实用的功能,以前只能通过窗口切换来进行,在 Windows 10 的操作系统中可以快速便捷地进行多任务分屏,目前支持的有双分屏、三分屏和四分屏。

当前电脑上打开了四个应用程序窗口,分别是文件夹、Word 文档、IE 浏览器和 QQ 对话框,当前窗口为 Word 文档,想要进行多任务分屏,操作如下:

(1)双分屏操作。

①将想要双分屏的一个窗口打开,单击标题栏并进行拖曳,拖动到桌面最左侧或最右侧,其他的应用窗口以任务视图的形式显示在另一侧,如图 1-53 所示。

②单击任务视图里要双分屏显示的另一个任务窗口,则两个窗口并行显示在桌面中,如图 1-54 所示。

图 1-53　双分屏操作(一)

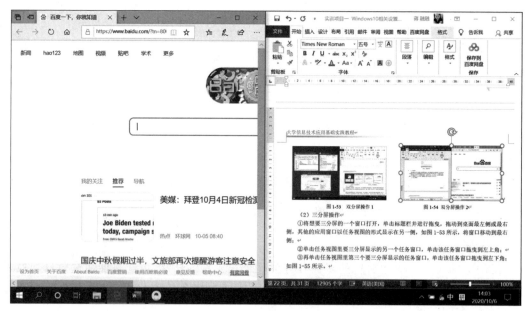

图 1-54　双分屏操作(二)

(2)三分屏操作。

①将想要三分屏的一个窗口打开,单击标题栏并进行拖曳,拖动到桌面最左侧或最右侧,其他的应用窗口以任务视图的形式显示在另一侧,如图 1-53 所示,将窗口移动到最右侧。

②单击任务视图里要三分屏显示的另一个任务窗口,打开该任务窗口后,单击标题栏并拖曳到左上角。

③再单击任务视图里第三个要三分屏显示的任务窗口,打开该任务窗口后,单击标题

栏并拖曳到左下角,如图 1-55 所示。

图 1-55　三分屏操作

(3)四分屏操作。

①将想要四分屏的一个窗口打开,单击窗口标题栏并进行拖曳,拖动到桌面左上角。

②单击任务视图里要四分屏显示的第二个窗口,打开该任务窗口后,单击标题栏并拖曳到左下角。

③单击任务视图里要四分屏显示的第三个窗口,打开该任务窗口后,单击标题栏并拖曳到右上角。

④单击任务视图里要四分屏显示的第四个窗口,打开该任务窗口后,单击标题栏并拖曳到右下角,完成四分屏设置,如图 1-56 所示。

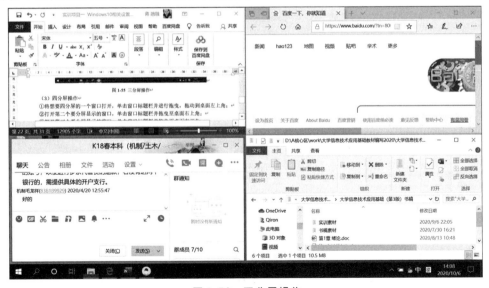

图 1-56　四分屏操作

小贴士——Windows 10的快捷键

Win+D:	显示桌面;
Win+E:	打开资源管理器;
Win+I:	打开设置界面;
Win+L:	锁定屏幕;
Win+R:	打开运行窗口;
Win+P:	打开投影选项;
Win+ Q/S:	唤醒Cortana搜索框;
Win+V:	打开剪贴板历史记录;
Win+W:	打开Windows Ink工作区;
Win+Tab:	打开任务视图;
Win+→:	打开分屏功能窗口;
Win+"+":	打开屏幕自带的放大镜功能,再次使用放大屏幕;
Win+"-":	打开屏幕自带的放大镜功能后,对屏幕进行缩小操作;
Win+数字键:	打开固定在任务栏的软件;
Win+Shift+S:	打开截图功能窗口;
Ctrl+Alt+Del:	打开任务管理器;
Ctrl+Shift+T:	恢复已经关闭的网页。

任务4 Windows 10的常用附件使用

一、任务内容

Windows 10的常用附件,如写字板和画图程序的使用。

二、任务分析

Windows 10操作系统除了有强大的系统管理功能之外,还自带一些小型的应用程序,帮助用户在没有安装其他应用程序的情况下完成日常工作。写字板、画图工具是Windows 10常用的附件,掌握这些附件的使用,可为后期学习其他工具软件打下良好的基础。

三、解决任务步骤

1. 找到"Windows 10附件"应用

单击"开始"按钮,在常用的程序窗口里找到字母"W"列表,单击"Windows附件",展开Windows 10自带的所有附件应用,如图1-57所示。

图1-57　打开"Windows附件"

2. 写字板

写字板是一个小型的文字处理软件,为用户提供文字处理和排版操作,用户可以进行输入文本、设置文本格式和图文混排操作。

(1)启动写字板。单击图1-57中的"写字板"按钮,打开"写字板"程序窗口,如图1-58所示,"写字板"程序由快速访问栏、标题栏、功能选项卡和功能区、标尺和文档编辑区及状态栏等组成。

(2)输入文字。

①选择一种输入法,通过"Shift+Ctrl"组合键可以切换系统中已添加的输入法。

②将光标定位在"文档编辑区"输入古诗《静夜思》,使用"Enter键"换行,如图1-59所示。

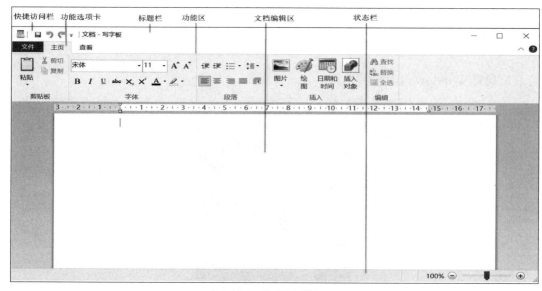

图1-58 "写字板"窗口

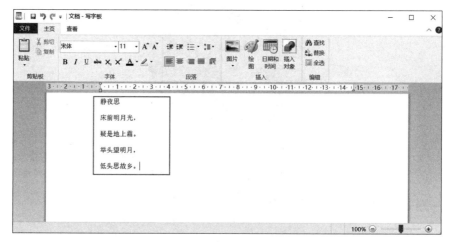

图1-59 文字的输入

（3）编辑文字。

①文字的选择：文字的选择有几种情况，第一种，选择连续的文本，将光标定位到要选择区域的开始处单击并拖动到选择区域的最末尾；第二种，选择非连续文本，先使用第一种方法选中一个连续区域，按下"Ctrl"键，再使用同样方法选中第二个连续区域，再放开"Ctrl"键；第三种，选择一行文本，单击该行最左端空白处单击选中全行；第四种，选中全文，使用"Ctrl+A"快捷键。

②文字的复制和剪切：选中文本后，如图1-60所示，单击"主页"选项卡上的"复制"或"剪切"命令，将选中的文本复制到剪切板，"复制"保留原文本，"剪切"删除原文本。

③文本的粘贴：将光标定位到复制文本需要粘贴的位置，单击"主页"选项卡上的"粘贴"命令，完成文本粘贴操作，本任务将光标定位在"……低头思故乡。"的句尾，回车换行后粘贴。

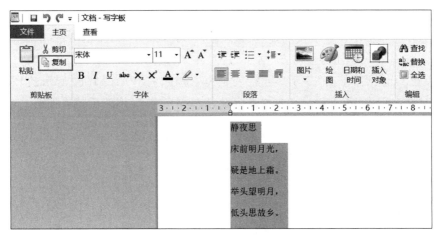

图1-60　文本的复制

④文字的删除:选中要删除的文字,如刚才复制粘贴的第二首《静夜思》,单击键盘上的"Delete"键。

(4)设置文档格式。写字板可以对字体样式、大小、颜色以及段落对齐方式等属性进行设置,具体步骤如下:

①字体设置:写字板"主页"选项卡的"字体"功能区提供了字体设置的功能按钮,如图1-61所示,第一行从左到右依次功能为设置字体样式、设置字体大小、加大一个字号、减小一个字号,第二行从左到右依次功能为加粗、斜体、加下划线、加删除线,设置为下标字体、设置为上标字体、设置字体颜色、设置字体标记颜色。

本任务选中《静夜思》全文,将字体样式选择为"微软雅黑"、字体大小为"18",颜色设置为"鲜蓝"(本书为黑白印刷,请读者根据文字操作);然后加粗标题,并加大一个字号;正文第一行设置为斜体,第二行加下划线,第三行加删除线,第四行的标记颜色设置为红色,最终效果如图1-61所示。

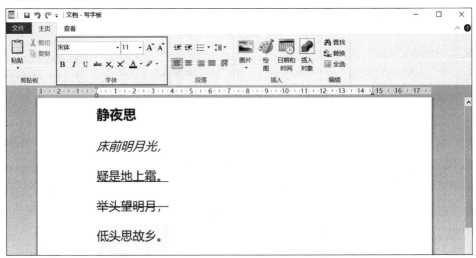

图1-61　字体设置

33

②段落设置:写字板"主页"选项卡的"段落"功能区提供了段落设置的功能按钮,如图1-61所示,第一行从左到右依次功能为减少缩进、增加缩进、添加项目符号、设置行间距,第二行从左到右依次功能为左对齐、居中、右对齐,两端对齐和显示"段落"对话框按钮。选中《静夜思》全文后,单击"显示'段落'对话框"按钮,打开如图1-62所示的"段落"对话框。分别对左右缩进、行距和对齐方式进行设置,单击"确定"按钮后效果如图1-63所示。

图1-62　设置"段落"

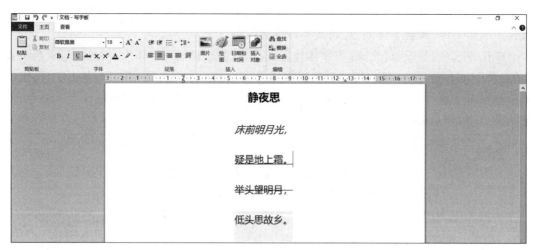

图1-63　段落设置效果图

(5)插入对象。写字板支持在文档中插入图片、绘图、日期和时间、对象等内容,插入对象要先将光标定位到要插入对象的位置,不同对象的插入方法如下:

①插入图片:将光标定位到文档末尾并换行,单击写字板"主页"选项卡的"插入"功能区的"图片"按钮,打开选择图片对话框,找到想要插入的图片,单击图片完成插入操作。

②插入绘图:将光标定位到文档末尾并换行,单击写字板"主页"选项卡的"插入"功能区的"绘图"按钮,打开"绘图"软件,完成绘制后,关闭"绘图"软件,绘图作品自动插入至光标位置。

③插入日期和时间：将光标定位到文档末尾并换行，单击写字板"主页"选项卡的"插入"功能区的"日期和时间"按钮，打开如图1-64所示的"日期和时间"设置窗口，选择相应的格式，单击"确定"按钮，在光标位置插入该格式的当前日期和时间。

④插入对象：将光标定位到文档末尾并换行，单击写字板"主页"选项卡的"插入"功能区的"插入对象"按钮，打开如图1-65所示的"插入对象"对话框，选择对象类型后确认。

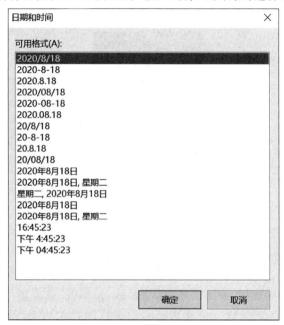

图 1-64　日期和时间格式

图 1-65　"插入对象"

完成以上四项插入操作后的文档效果如图1-66所示。

（6）文档保存。

单击"文件"选项卡的"保存"按钮，打开保存窗口，写字板编辑的文档默认后缀名为rtf，也可以另存为txt文档。

图 1-66　效果图

3. 画图

画图是一个小型的图形图像绘制和编辑软件。

（1）启动画图软件。单击图 1-57 中的"画图"按钮，打开"画图"应用窗口，如图 1-67 所示，画图软件界面包括标题栏、快速访问栏、功能区、绘图区、状态栏等。标题栏显示文档的名称，默认文档标题为"无标题"；快速访问栏位于标题栏左侧，显示常用按钮方便客户操作，可以自定义显示按钮；功能选项卡和功能区位于标题栏下方，切换不同的选项卡可打开不同的功能区，每个功能区分成多个工具栏，每个工具栏里包含很多功能按钮；绘图区是画图中最大的区域，用于显示和编辑当前图形图像效果；状态栏显示图形相关信息。

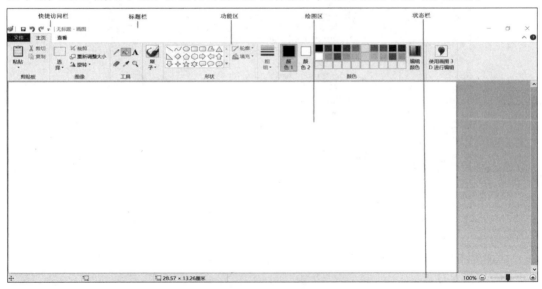

图 1-67　画图界面

画图应用大部分的功能都集中在"主页"选项卡,先来学习功能区里不同工具栏里的功能按钮的作用。

①剪贴板栏:用于剪贴、复制和粘贴图像。

②图像栏:主要用于图像的选择、剪裁、调整大小或扭曲以及旋转或翻转操作。单击"选择"下拉列表,根据需要单击"矩形选择"或"自由图形选择"按钮;"剪裁"按钮可对选择对象进行裁剪操作;"重新调整大小"按钮可以对图像按照百分比或像素进行放大、缩小处理,还可以进行"垂直"和"水平"的扭曲操作;"旋转"按钮可对图形进行旋转操作。

③工具栏:提供了绘制图形时所需要的各种常用工具按钮,单击相应的按钮即可使用该工具。工具栏中有"铅笔""油漆桶""插入文本""橡皮擦""吸管""放大镜"等工具,分别可以用来绘制图形、填充颜色、在图片中插入文本、擦掉部分图形、吸取颜色和放大图形。

④刷子:单击"刷子"下方按钮打开的下拉框里含有9种画图程序内置的刷子格式,模拟现实中9种不同的画笔质感。单击任一刷子格式即可使用该刷子格式绘制图形。

⑤形状栏:显示画图软件提供的23种基本图形样式。单击任意一种图形样式,可以在画布中通过拖曳鼠标绘制相应的图形,单击选中一种图形样式后,形状栏右侧的"轮廓"和"填充"功能会被激活。

⑥粗细:单击"粗细"下方的按钮会显示1、3、5、8px四种粗细的线型,用于设置绘制图形轮廓的粗细程度。

⑦颜色栏:有"颜色1"和"颜色2"及颜色块和"编辑颜色"按钮,"颜色1"是前景色,可设置绘制图形的轮廓线颜色,"颜色2"为背景色,可设置绘制图形的填充色。单击"颜色1"或"颜色2"按钮后,再选择色块中的任意颜色即可设置"颜色1"或"颜色2"的颜色。

⑧使用画图3D进行编辑:单击该按钮会打开"画图3D"高级编辑工具,如图1-68所示,将图片制作成3D版本。

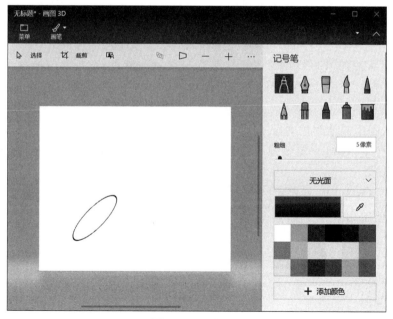

图 1-68　画图 3D

（2）绘制图形。

熟悉各项工具的功能之后，开始绘制图形，绘制图形需注意各个工具的搭配，下面以绘制如图1-69所示的图形为例进行介绍，具体步骤如下：

图1-69　绘制图形

①启动画图程序，鼠标单击画布右下角拖曳调整画布大小。

②设置"颜色1"为黑色；"颜色2"为黄色。

③单击形状栏的"椭圆形"按钮，在画布上拖曳不同大小的圆形，组成小男孩的头部、身体、眼睛、耳朵、手脚；单击形状栏的"直线"按钮，在画布上拖曳不同长度的线段，画成手臂、腿和杆子，并画出小男孩的头发；单击形状栏的"三角形"按钮，在画布上拖曳画出衣服上的纽扣。

④单击形状栏的"曲线"按钮，"颜色1"设置为"红色"，画出嘴巴和舞台，画图中"曲线"的用法是先通过拖曳再松开鼠标固定曲线的头尾部分，然后拖曳线段中的任意一点变成任意曲线。

⑤单击形状栏的"四角星型"按钮，"颜色1"设置为紫色，在画布中拖曳画出紫色四角星，使用相同的方法，用"心形"按钮在画布上画出2个不同大小的红色心形。

⑥单击形状栏的"椭圆形"按钮，"颜色1"设置为紫色，在画布上拖曳画出紫色盘子，使用相同的方法画出其他颜色的盘子。

⑦选择"铅笔"按钮✐可实现类似画笔的功能进行绘制，可用"橡皮擦"擦去多余图形，绘出最终图形。

⑧单击工具中的"用颜色填充"按钮🖌️，"颜色"设置为黄色"2"，单击画布，将画布底色设置为黄色；使用相同的方法，给其他图形填充不同的颜色，如头发为黑色、衣服为蓝色、舞台为红色等。

⑨单击工具中的"文本框"按钮**A**，在画布上拖曳后显示文本框，在文本框内输入相应文字，如"杂技男孩"。

（3）保存图形。

①单击"文件"菜单，在下拉菜单中单击"保存"按钮，如果是第一次保存，系统会打开

"保存为"对话框。

　　②找到保存图形的位置,输入名称后单击"保存"按钮。

　　③画图保存图像的类型有 png、jpeg、bmp、gif 等格式。

　　本项目主要完成了 Windows 10 操作系统的基本设置(任务栏设置)、个性化设置、使用技巧和常用附件的使用。

　　Windows 10 中还有很多的其他设置、使用技巧以及附件应用可以挖掘,同学们可以多使用、多操作、多练习,也可以进一步探索 Windows 10 操作系统在可移动设备中的使用方法和技巧,并和其他操作系统进行比较。

实训项目二　班级工作

本章要点

★ 整理班级工作文档

★ 制作学生信息表

★ 编制学生学习情况簿

★ 撰写班级工作汇报稿

项目描述

　　班级是学校落实立德树人根本任务,发展学生的社会性,发展学生的个性,保障学生身心安全和健康发展的基本单位。班级管理对培养德智体美劳全面发展的社会主义建设者和接班人具有重要的作用。班级管理工作包括对全班学生的思想、学习、工作、生活等各方面的管理,是落实学校教育教学管理活动的主要手段和方式。

　　本项目使用 Word、Excel、PowerPoint 等 Office 主要应用组件处理班级日常学习生活中的需求,把学到的基本技能真正应用于实际工作。

　　项目包括整理班级工作文档、制作学生信息表、编制学生学习情况簿和撰写班级工作汇报稿四个任务。

　　整理班级工作文档任务:主要收集班级管理相关工作文件,如班委会工作章程、生活委员工作细则、专业教学计划和课程表等,把这些文件整理输入、合并排版成一个"班级工作手册"Word 文档,如图 2-1 所示。

　　本教材为使图片清晰,在 Office 主题设置为"白色"的情况下截图。

　　制作学生信息表任务:主要收集班级学生的学号、姓名、性别、出生日期、政治面貌、通讯地址、手机、电子邮箱和职务等信息,制作一张班级"学生信息表"Excel 工作表,如图 2-2 所示。

　　编制学生学习情况簿任务:主要根据学生学习基本情况,分别制作平时作业、考勤、实训、网上自主学习和成绩 Excel 工作表,并对工作表进行必要的格式设置和数据处理,形成

"学生学习情况簿"Excel工作簿文件。

如在成绩工作表中,根据学生平时作业、考勤、实训、网上自主学习工作表中的成绩计算出该生的形成性成绩,输入期中成绩、期末成绩后计算出该生的总评成绩,同时对成绩做一个简单的统计分析,如图2-3所示。

撰写班级工作汇报稿任务:主要制作一份展现班委工作成绩的"班级工作汇报"演示文稿,从班级成员、学习成果和课余活动等多角度生动地介绍班级集体积极向上、充满活力的精神风貌,如图2-4所示。

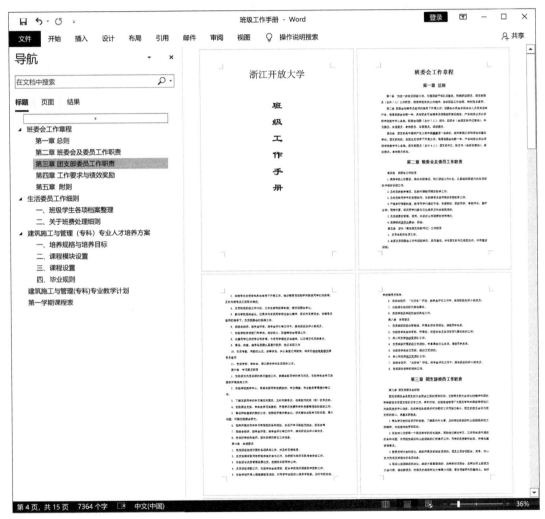

图2-1 班级工作手册

班级学生信息表

学号	姓名	性别	出生日期	政治面貌	通讯地址	手机	电子邮箱	职务	备注
					专业：建筑施工与管理			班级：1905	
057131001	曹晓兰	女	1995年7月	团员	新华路12号青园3幢*单元*室	139****3742	cx1**@z.jou.edu.cn		
057131002	陈珍	女	1995年1月	团员	中山南路89号求知新村2幢*单元*室	138****4991	zz**@z.jou.edu.cn	学习委员	
057131003	冯珍晓	女	1995年8月		中山南路89号求知新村3幢*单元*室	136****4690	fzx**@z.jou.edu.cn		
057131004	何谢	女	1994年12月	团员	解放路370号清水新村5幢*单元*室	135****9061	hx**@z.jou.edu.cn		
057131005	黄洁芳	女	1995年8月	团员	大学路155号柳巷6幢*单元*室	139****6787	hjf**@z.jou.edu.cn		
057131006	李源琴	女	1995年9月	团员	北山南路160号嘉园1号楼*室	139****3730	lyq**@z.jou.edu.cn		
057131007	廖丹全	男	1995年3月		曙光路256号恒力花园30幢*单元*室	139****7674	ldq**@z.jou.edu.cn	宣传委员	
057131008	陆梦	女	1995年7月		凤山路40号世贸丽江城9幢*单元*室	139****6902	lm**@z.jou.edu.cn		
057131009	罗圆琳	女	1995年4月	团员	高新技术产业开发区白沙路南段2号	139****1919	lyl**@z.jou.edu.cn		
057131010	毛佳慧	女	1995年3月		历下区文化东路91号	139****4436	mjh**@z.jou.edu.cn		
057131011	潘芳丽	女	1994年11月		黄河三路525号	133****5564	pf1**@z.jou.edu.cn		
057131012	王萍玉	女	1995年7月		岱庙大街223号	133****1158	wpy**@z.jou.edu.cn		
057131013	王剑	男	1995年6月	党员	泰山区迎胜东路2号	139****2462	wj**@z.jou.edu.cn	班长、团副支书	
057131014	王飞丽	女	1995年4月	党员	奎文区胜利东街288号	133****9589	wf1**@z.jou.edu.cn		
057131015	吴晓	男	1995年2月	团员	西乡堂乡塘西路55号	139****4689	wx**@z.jou.edu.cn		
057131016	徐晓星	男	1995年9月	团员	明秀西路100号	139****3052	xxx**@z.jou.edu.cn		

学生信息

图2-2　班级学生信息表

成 绩 登 记 表

(2019/2020学年第 一 学期)

专业：建筑施工与管理　　　　　　　　　　　　　　　　　　班级：1905

课程名称：大学信息技术应用基础　　　　　　　　　　　　　任课教师：

学号	姓名	形成性成绩	期中成绩	期末成绩	总评	学号	姓名	形成性成绩	期中成绩	期末成绩	总评
057131001	曹晓兰	84	58	83	78	057131031	施杰福	74	74	88	80
057131002	陈珍	85	93	98	92	057131032	童星钢	65	43	46	53
057131003	冯珍晓	90	85	98	90	057131033	汪君超	70	61	64	66
057131004	何谢	81	80	64	74	057131034	谢丁	70	78	78	75
057131005	黄洁芳	85	92	67	79	057131035	徐昕力	64	97	85	79
057131006	李源琴	84	53	62	69	057131036	应进	66	57	51	58
057131007	廖丹全	80	90	80	82	057131037	张博中	68	84	78	75
057131008	陆梦	83	73	90	84	057131038	郑华	68	38	70	63
057131009	罗圆琳	81	90	90	87	057131039	朱非	63	77	58	64
057131010	毛佳慧	84	71	90	84						
057131011	潘芳丽	77	74	62	70						
057131012	王萍玉	78	65	97	83						
057131013	王剑	81	77	90	84						
057131014	王飞丽	75	94	62	74						
057131015	吴晓	82	95	51	72						
057131016	徐晓星	81	96	98	91						
057131017	徐星颖	79	98	100	91						
057131018	姚英	75	77	83	79						
057131019	郑辉	78	75	68	74						
057131020	钟建	79	65	35	59						
057131021	岑冬伟	70	97	68	75						
057131022	陈明辛	78	98	51	71						
057131023	陈毅云	82	63	47	64						
057131024	董晓	77	82	71	76	考试成绩分析					
057131025	方晔佳	75	65	78	74	90分以上		4 人	应考	39 人	
057131026	何明一	80	80	76	78	80-89分		11 人	实考	39 人	
057131027	李波冬	77	86	64	74	70-79分		16 人	最高分	92 分	
057131028	李冬毅	79	80	82	81	60-69分		5 人	最低分	53 分	
057131029	林孙	76	90	62	73	不及格		3 人	平均分	76 分	
057131030	商静盛	73	80	95	83	40分以下		0 人			
						教师		(盖章)			

… ▸ 网上自主学习　成绩

图2-3　学生学习情况簿

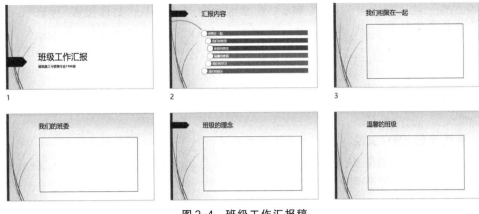

图2-4　班级工作汇报稿

项目目标

通过本项目活动的实践操作,激发学习兴趣,把Word文字编辑排版、Excel表格数据处理、PowerPoint演示文档制作等基本技能应用到实际任务中,从而提高实际应用的能力和综合运用的水平,同时增强自主学习和协作学习的能力,养成善于独立思考的学习习惯。

学习建议

● 本任务内容涉及班级管理各方面,建议先明确编写内容,然后收集素材,带着项目实训任务有目的地进行学习,遇到的问题应及时解决。

● 本项目建议由2~4人组成实训学习小组,相互协作学习,利用讨论、交流等形式解决学习中的疑难问题。

● 认真完成项目实训任务,把所学知识真正应用到实际中,以达到学以致用的学习目标。

任务1　整理班级工作文档

一、任务内容

整理班级工作文档,编制班级工作手册。

二、任务分析

本项目收集了"班委会工作章程""生活委员工作细则""建筑施工与管理(专科)专业人

43

才培养方案""建筑施工与管理(专科)专业教学计划"和"第一学期课程表"等班级工作文档。对文档进行编辑排版,并可以加入任务2、任务3所产生的各种文档,也可以加入与班级管理有关的其他文档,形成真正适合自己所在班级使用的一份班级工作手册。

三、解决任务步骤

1. 新建文档,保存文档

(1)新建文档。如果 Word 2016 应用程序尚未启动,则选择菜单"开始"→"Word ",单击"空白文档",即可创建一个名为"文档1"的文档。

如果 Word 2016 应用程序已启动,单击"文件"→"新建"选项,单击"空白文档",即可创建一个空白文档。

(2)保存文档(确定文件名及文件存放位置)。

① 单击"文件"→"保存"选项,或单击快速访问工具栏的"保存"按钮,双击"这台电脑",弹出"另存为"对话框。

②如果希望把文件存放在D盘的新建文件夹"实训项目2"中,则在"另存为"对话框的左侧列表中选择"此电脑"下的D盘,单击左侧列表上面的"新建文件夹"(新建文件夹)按钮,对话框的右侧出现新建文件夹,如图2-5所示,在名称框中输入"实训项目2"。

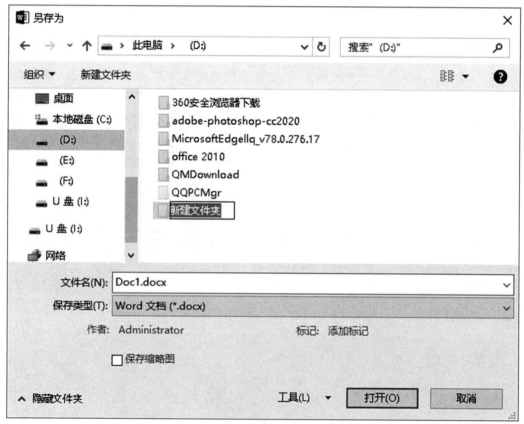

图2-5 "另存为"对话框

③在"文件名"列表框中输入"班级工作手册",单击"保存"按钮,完成"班级工作手册"文档的保存。

另外,在文档编辑和排版过程中,或在编辑和排版结束后,单击快速访问工具栏中的"保存"按钮,及时保存文档,以便当系统发生故障时减少损失。

2.输入文本

文本输入主要有3种方式:

一种是没有电子稿,也没有纸质印刷稿,则需要直接人工输入;另一种是没有电子稿,但有纸质印刷稿,则可通过文字识别输入;再一种就是有可利用的电子稿,则只需复制文档内容即可。

(1)直接人工输入。假如"班委会工作章程"没有电子稿,也没有纸质印刷稿,则采用直接人工输入的方式,如图2-6所示。

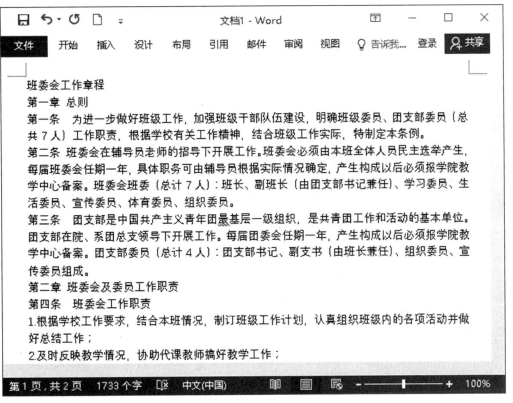

图2-6　输入"班委会工作章程"内容

(2)文字识别输入。通过Microsoft Office 2016中的组件OneNote 2016进行文字识别,具体操作步骤如下:

①单击菜单"开始"→"OneNote",启动OneNote 2016应用程序,如图2-7所示。

②单击"新建分区",单击"插入"→"图像"→"图片",在弹出的对话框中选择需要进行文字识别的图片,将图片插入到OneNote中,如图2-8所示。其中图片可以通过扫描仪和照相机等方式采集。

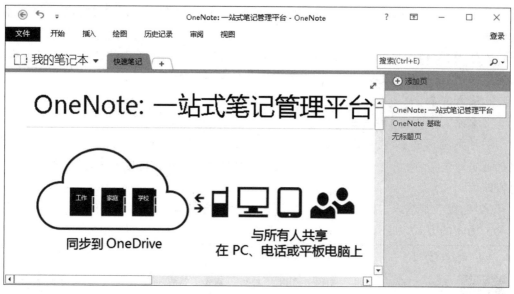

图 2-7　OneNote 2016 应用程序界面

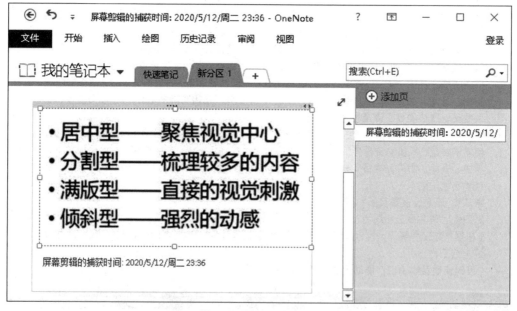

图 2-8　插入文字图片

　　③右击图片，从弹出的快捷菜单中选中"使图像中的文本可搜索"下的"中文（中国）"，接着单击快捷菜单中"复制图片中的文本"，OneNote 识别完成后即将识别的结果自动复制到剪贴板。

　　④在 Word 2016 中打开需要该文字内容的 Word 文档，按"Ctrl+V"键即可把已经复制到剪贴板上的识别结果粘贴到 Word 文档中，如图 2-9 所示。

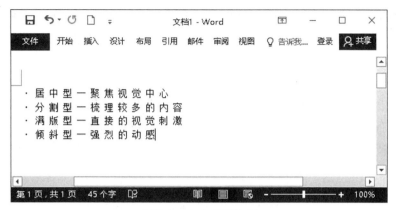

图2-9　文字识别结果

（3）利用相关文档复制输入。

①打开相关文档，选择所需文档内容，按"Ctrl+C"键复制到剪贴板。

②打开需要该文档内容的Word文档，按"Ctrl+V"键把剪贴板内容粘贴到文档中即可。

3. 页面设置

班级工作文档中的"建筑施工与管理（专科）专业教学计划"表格比较宽，如图2-10所示，在纵向的A4纸上不能完全显示，需要改变纸张方向才能完整显示。

工学学科土建类

建筑施工与管理(专科)专业教学计划

专业名称				建筑施工与管理				教学计划号			090905408030301	
学生类型				课程开放				专业层次			专科	
毕业学分				76			总部考试学分				48	
模块名	模块最低毕业学分	模块最低总部考试学分	模块设置最低学分	序号	课程代码	课程名称		学分	课程类型	课程性质	建议开设学期	考试单位
公共基础课	10	10	10	1	4678	毛泽东思想和中国特色社会主义理论体系概论		3	统设	必修	2	总部
				2	4680	思想道德修养与法律基础		3	统设	必修	1	总部
				3	51862	大学信息技术应用基础		4	非统设	选修	1	省
				4	405	开放教育学习指南		1	统设	必修	1	总部
				5	1819	英语Ⅰ(1)		3	统设	必修	1	总部
专业基础课	19	19	22	6	50410	建筑设备		3	非统设	选修	3	省
				7	855	建筑材料(A)		3	统设	必修	2	总部
				8	858	建筑构造		4	统设	必修	2	总部
				9	864	建筑构造实训		2	统设	必修	2	总部
				10	883	建筑力学		5	统设	必修	2	总部
				11	892	建筑制图基础		3	统设	必修	1	总部
				12	898	建筑制图基础实训		1	统设	必修	1	总部
				13	50402	建设法规		2	非统设	选修	1	省
				14	50407	建筑工程技术资料管理		2	非统设	选修	6	省

图2-10　纵向A4纸排版

但是,如果简单将纸张方向改为横向,那么整个文档将都是横向的。我们可利用分节的办法,使得不同的节采用不同的页面设置,实现一个文档中的内容可按不同的纸张方向排版。具体改变纸张方向的操作步骤如下:

(1)插入分节符。

①把插入点移到"建筑施工与管理(专科)专业人才培养方案"文档内容的最后。

②单击"布局"→"页面设置"→"插入分页符和分节符"(┝┥分隔符▾)按钮,展开"分页符和分节符"列表,如图2-11所示,单击分节符类型"下一页"选项即可插入一个分节符。

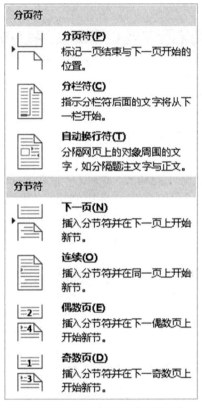

图2-11 "分页符和分节符"列表

③再把插入点移到"建筑施工与管理(专科)专业教学计划"表格的最后。

④单击"布局"→"页面设置"→"插入分页符和分节符"按钮,在展开的"分页符和分节符"列表中单击"下一页"选项,再插入一个分节符。

(2)设置纸张方向。把插入点移到"建筑施工与管理(专科)专业教学计划"表格所在页,单击"布局"→"页面设置"→"纸张方向"按钮,在打开的下拉列表中选择"横向"。完成A4纸"纵向"改为"横向",设置后的"建筑施工与管理(专科)专业教学计划"表格即可完整显示了,如图2-12所示。

工学学科土建类

建筑施工与管理(专科)专业教学计划

专业名称				建筑施工与管理				教学计划号			090905408030301
学生类型				课程开放				专业层次			专科
毕业学分					76	总部考试学分					48
模块名称	模块最低毕业学分	模块最低总部考试学分	模块设置最低学分	序号	课程代码	课程名称		学分	课程类型	课程性质	建议开设学期	考试单位
公共基础课	10	10	10	1	4678	毛泽东思想和中国特色社会主义理论体系概论		3	统设	必修	2	总部
				2	4680	思想道德修养与法律基础		3	统设	必修	1	总部
				3	51862	大学信息技术应用基础		4	非统设	选修	1	省
				4	405	开放教育学习指南		1	统设	必修	1	总部
				5	1819	英语Ⅰ(1)		3	统设	必修	1	总部
专业基	19	19	22	6	50410	建筑设备		3	非统设	选修	3	省
				7	855	建筑材料(A)		3	统设	必修	2	总部
				8	858	建筑构造		4	统设	必修	2	总部

图 2-12　横向 A4 纸排版

4. 设置字体、段落格式

(1)设置一级标题。

①把光标插入点移到一级标题所在行,如"班委会工作章程"所在行。

②单击"开始"→"样式"→"标题1"按钮(　AaBk　标题1　),再单击"开始"→"段落"→"居中"按钮,使标题在页面中居中对齐。

③双击"开始"→"剪贴板"→"格式刷"按钮(　),然后用"格式刷"分别单击一级标题所在行,最后单击"开始"→"剪贴板"→"格式刷"按钮,取消"格式刷"状态。

(2)设置二级标题。

①把光标插入点移到二级标题所在行,如"第一章　总则"所在行。

②单击"开始"→"样式"→"标题2"按钮(　AaBb(　标题2　),再单击"开始"→"段落"→"居中"按钮,使标题在页面中居中对齐。

③双击"开始"→"剪贴板"→"格式刷"按钮,然后用"格式刷"分别单击二级标题所在行,最后单击"开始"→"剪贴板"→"格式刷"按钮,取消"格式刷"状态。

(3)设置正文。

①把光标插入点移到正文所在段落,如"第一条　为进一步做好班级工作……"所在段落。

②单击"开始"→"样式"→"正文"按钮(　AaBbCcDd　正文　),再单击"开始"→"段落"的对话框启动按钮(　),弹出"段落"对话框,如图2-13所示。在"段落"对话框中,把"缩进"选区的"特殊格式"选择为"首行缩进","缩进值"为"2字符";把"间距"选区的"行距"选择为"1.5倍行距",单击"确定"按钮。

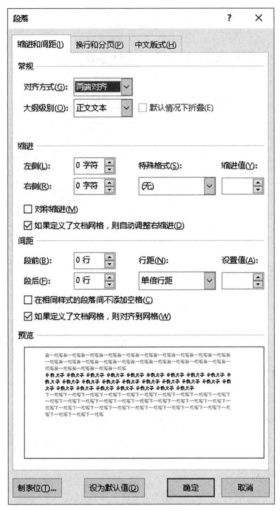

图 2-13 "段落"对话框

③双击"开始"→"剪贴板"→"格式刷"按钮,然后用"格式刷"分别单击正文所在段落,最后单击"开始"→"剪贴板"→"格式刷"按钮,取消"格式刷"状态。

完成排版后的"班级工作手册"如图 2-1 所示。

任务2 制作学生信息表

一、任务内容

利用 Excel 2016 电子表格处理软件,制作学生信息工作表。

二、任务分析

本任务给出的学生信息是模拟信息,实训中可以用自己班级的真实信息。在班级管理工作中,学生信息是基础数据,应保持其准确性,减少冗余。

学生信息表的数据处理工作很简单,基本以数据的输入为主。

三、解决任务步骤

1. 新建工作簿并确定存放位置

(1)新建工作簿。启动 Excel 2016 应用程序,单击"空白工作簿",创建一个名为"工作簿1"的文档;或单击"文件"→"新建"选项,新建一个空白工作簿。

(2)保存工作簿(确定文件名及文件存放位置)。

① 单击"文件"→"保存"命令,或单击快速访问工具栏的"保存"按钮,双击"这台电脑",弹出"另存为"对话框。

②在"另存为"对话框的左侧列表中选择"此电脑"下的D盘,在右侧列表中双击"实训项目2"文件夹,然后在"文件名"列表框中输入"学生信息表",单击"保存"按钮,把"学生信息表"工作簿保存在D盘的"实训项目2"文件夹下。

另外,在工作表编辑和数据处理过程中,或在编辑和数据处理结束后,单击快速访问工具栏中的"保存"按钮,及时保存工作簿,以便当系统发生故障时减少损失。

2. 建立"学生信息表"工作表

建立"学生信息表"工作表,如图2-2所示。

(1)输入表头内容。

①输入文本:输入文本的方法相同,我们以输入第一行为例,单击A1单元格,输入"班级学生信息表"。

②单元格合并:单击单元格A1,当鼠标指针形状为(✚)时,按住鼠标左键拖动至J2单元格,松开鼠标左键即选择单元格区域A1:J2;单击"开始"→"对齐方式"→"合并后居中"按钮(⊟)右侧的向下箭头,选择"跨越合并"选项,即可实现单元格区域A1:J2的2行的各行分别合并单元格。

③单元格格式化。

第一步:设置"字体""字号"。选择需格式化单元格区域,单击"开始"→"字体"→"字体"(等线 ∨)或"字号"(11 ∨)列表框右侧的向下箭头,从下拉列表中选择所需字体或字号;可根据需要单击"开始"→"字体"下的"加粗""倾斜""下划线"和"字体颜色"等按钮设置各种格式。

其中,第1行字体为"楷体"、字号为"16""加粗",第2行字体为"宋体"、字号为"9"。

第二步:设置"对齐方式"。选择第1行单元格区域,单击"开始"→"对齐方式"→"居中"按钮和"垂直居中"按钮,使其内容实现居中。选择第2行单元格区域,单击"开始"→"对齐方式"→"左对齐"按钮,使其内容实现左对齐,如图2-14所示。

图2-14　表头

(2)输入工作表表体数据。

① 第3行为工作表字段名,依次输入字段名,设置字体为"宋体"、字号为"11""加粗""居中"显示。

调整列宽大小,并单击"开始"→"对齐方式"→"自动换行"按钮(ab），使字段名自动换行显示。

②输入学号:单击A4单元格,输入"'057131001"。接着再选中A4单元格,将鼠标置于该单元格的填充柄,使鼠标指针形状成为(+)时,按住左键并向下拖动鼠标到单元格A42,释放鼠标,完成学号的自动填充。

③输入姓名、性别、出生日期、政治面貌、通讯地址等内容:姓名、通讯地址等输入不需要技巧,逐个输入即可。性别、政治面貌等有一定重复的,可以利用鼠标拖动填充柄填充,以减少输入工作量。

以后,学号和姓名都可以直接复制到其他工作表中,无需重新输入。

④设置表格数据的字体和字号:选择单元格区域A4:J42,分别单击"开始"→"字体"→"字体"和"字号"列表框右侧的向下箭头,从下拉列表中选择"宋体"和"9"号字。

⑤设置表格边框:选择单元格区域A3:J43,单击"开始"→"字体"→"边框"按钮右侧的向下箭头,从下拉列表中单击"其他边框",弹出"设置单元格格式"对话框。

如图2-15所示,单击"预置"选区中的"内部"按钮,设置表格内部表格线为细线;然后单击"线条"选区的"样式"线型列表中的粗线,选择粗线线型;再单击"预置"选区中的"外边框"按钮,设置表格外边框为粗线,单击"确定"按钮,完成表格线的设置。

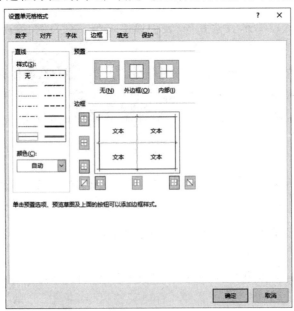

图2-15　"设置单元格格式"对话框

　　选择单元格区域 A3：J3，按住"Ctrl"键，再选择单元格区域 A42：J42，单击"开始"→"字体"→"边框"按钮右侧的向下箭头，从下拉列表中单击"双底框线"。

　　（3）计算总人数。可以利用 COUNT 函数计算总人数，COUNT 函数的功能是计算包含数字的单元格区域以及参数列表中数字的个数。函数格式为：

$$COUNT(value，value，\cdots)$$

　　如计算单元格区域 D4：D42 中数字的个数的公式为"=COUNT（D4：D42）"，具体操作步骤如下：

　　①单击单元格 B43；单击"公式"→"函数库"→"插入函数"按钮（$\boldsymbol{fx}$ 插入函数），弹出"插入函数"对话框，如图 2-16 所示。

图 2-16　"插入函数"对话框

　　②单击"选择函数"中的"COUNT"函数后，单击"确定"按钮，弹出"函数参数"对话框，如图 2-17 所示。

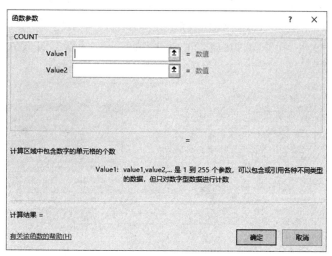

图 2-17　COUNT-"函数参数"对话框

③在"COUNT"选区 Value1 中选择单元格区域 D4:D42,单击"确定"按钮,即可计算出学生总人数,其中的公式是"=COUNT(D4:D42)"。

(4)计算男生、女生、党员和团员的人数。可以利用COUNTIF函数计算总人数,COUNTIF函数的功能是计算某个区域中满足给定条件单元格的个数,函数格式为:

$$COUNTIF(range, criteria)$$

其中,range 为范围,是需要统计其中满足条件的单元格数目的单元格区域;criteria 为条件,其形式可以为数字、表达式或文本,如 60、">="&(E6+25)、"×"都可以。具体操作步骤如下:

①单击单元格 B43;单击"公式"→"函数库"→"插入函数"按钮,在弹出"插入函数"对话框的"选择函数"列表框中选择"COUNTIF"函数,单击"确定"按钮,弹出"函数参数"对话框,如图 2-18 所示。

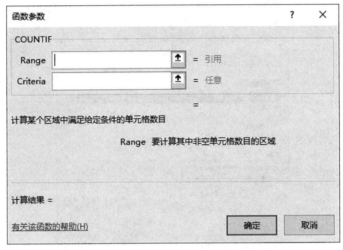

图 2-18 COUNTIF-"函数参数"对话框

② 在"COUNTIF"选区"Range"中选择单元格区域 C4:C42,"Criteria"中输入"=男",单击"确定"按钮,即可计算出男生的人数,其中的公式是"=COUNTIF(C4:C42,"=男")"。

③同样操作,在单元格 F43 中输入公式"=COUNTIF(C4:C42,"=女")",计算出女生的人数;在单元格 H43 中输入公式"=COUNTIF(E4:E42,"=党员")",计算出党员的人数;在单元格 J43 中输入公式"=COUNTIF(E4:E42,"=团员")",计算出团员的人数,计算结果如图 2-19 所示。

	A	B	C	D	E	F	G	H	I	J
31	057131028	李冬毅	男	1995年8月	团员	和平区北二马路92号	139****8492	ldy***@z.jou.edu.cn		
32	057131029	林孙	男	1995年10月	团员	中山西路长兴街12号	135****3980	ls***@z.jou.edu.cn		
33	057131030	商静盛	女	1994年12月		大东区望花南街21号	139****9592	sjs***@z.jou.edu.cn		
34	057131031	施杰福	男	1996年2月	党员	皇姑区黄河北大街253号	138****5722	sjf***@z.jou.edu.cn	组织委员	
35	057131032	童星钢	男	1996年1月	团员	中央门外晓庄中心村130号	139****2250	txg***@z.jou.edu.cn		
36	057131033	汪君超	男	1994年11月	团员	电子二路东段18号	135****5380	wjc***@z.jou.edu.cn		
37	057131034	谢丁	男	1995年7月	团员	河西区下元移村南街24号	130****4562	xd***@z.jou.edu.cn	生活委员	
38	057131035	徐昕力	男	1995年5月	党员	新城区文化路北段	130****5447	xxl***@z.jou.edu.cn		
39	057131036	应进	男	1995年6月	团员	碑林区太白山路1号	131****6271	yj***@z.jou.edu.cn	体育委员	
40	057131037	张博中	男	1995年4月	团员	翠华路133号	132****8921	zbz***@z.jou.edu.cn		
41	057131038	郑华	男	1995年5月	团员	人民西路49号	133****6461	zh***@z.jou.edu.cn		
42	057131039	朱非	男	1995年9月	团员	河西区瓦流路138号	136****4782	zf***@z.jou.edu.cn		
43	总人数	39	男生	20	女生	19	党员	5	团员	22

学生信息

图 2-19 计算男生、女生、党员和团员人数的结果

任务3　编制学生学习情况簿

一、任务内容

利用 Excel 2016 电子表格处理软件,制作学生学习情况簿。

二、任务分析

本任务针对"大学信息技术应用基础"课程的教学特点要求,制作一个"学生学习情况簿",记录"大学信息技术应用基础"课程学生的实训、作业、出勤以及网上自主学习等情况,计算学生该课程学习的总评成绩,并进行相关数据的统计。

"学生学习情况簿"可以及时记录学生的学习情况,随时统计分析数据,为促进学习提供帮助,为综合评价和统计分析学生成绩,也为学校评价教学效果提供必要的依据,为"大学信息技术应用基础"课程的教学改革与研究提供基础数据。

三、解决任务步骤

1. 新建工作簿并确定存放位置

(1)新建工作簿。

(2)保存工作簿(确定文件名及文件存放位置)。

① 单击"文件"→"保存"命令,或单击快速访问工具栏的"保存"按钮,双击"这台电脑",弹出"另存为"对话框。

②在"另存为"对话框的左侧列表中选择"此电脑"下的 D 盘,在右侧列表中双击"实训项目2"文件夹,然后在"文件名"列表框中输入"学生学习情况簿",单击"保存"按钮,把"学生学习情况簿"工作簿保存在 D 盘的"实训项目2"文件夹下。

2. 建立"平时作业"工作表

建立"平时作业"工作表,如图 2-20 所示。

(1)输入表头内容。

①输入文本。

②单元格合并:选择单元格区域 A1:G4,单击"开始"→"对齐方式"→"合并后居中"按钮右侧的向下箭头,选择"跨越合并"选项,即可实现单元格区域 A1:G4 的 4 行的各行分别合并单元格。

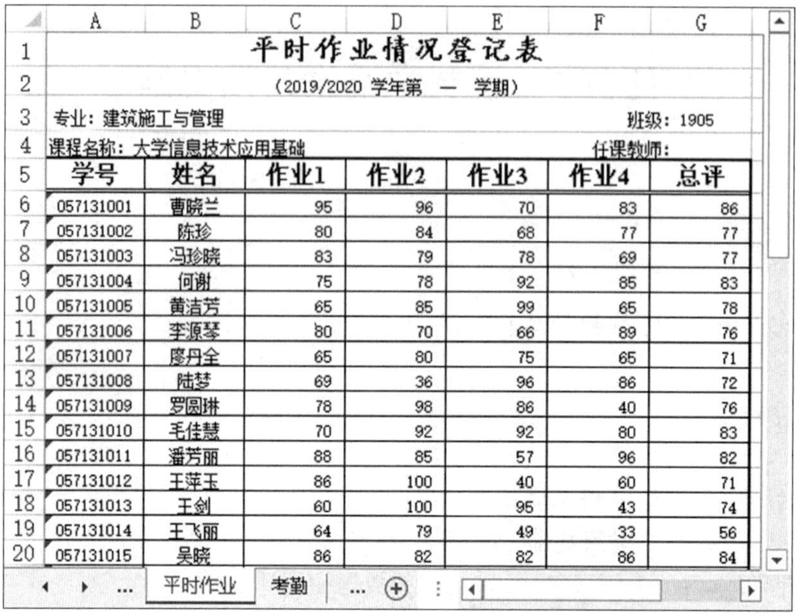

图2-20 "平时作业"工作表(一)

③单元格格式化。

第一步:设置"字体""字号"。第1行字体为"楷体"、字号为"16""加粗",第2~4行字体为"宋体"、字号为"9"。

第二步:设置"对齐方式"。选择第1、第2行单元格区域,单击"开始"→"对齐方式"→"居中"按钮和"垂直居中"按钮,使其内容实现居中。选择第3、第4行单元格区域,单击"开始"→"对齐方式"→"左对齐"按钮,使其内容实现左对齐。

(2)输入工作表表体数据。

① 第5行为工作表字段名,依次输入字段名,设置字体为"宋体"、字号为"12""加粗""居中"显示。

②打开"学生信息表"工作簿,选中单元格区域A4:B42的学号和姓名数据,单击"开始"→"剪贴板"→"复制"按钮;单击"学生学习情况簿"工作簿的"平时作业"工作表的A6单元格,单击"开始"→"剪贴板"→"粘贴"按钮,即可完成学号和姓名数据的复制。

③输入作业1~作业4的成绩。

④设置表格数据的字体和字号:选择单元格区域A6:G45,单击"开始"→"字体"→"字体"或"字号"列表框右侧的向下箭头,从下拉列表中选择"宋体"或"9"。

⑤设置表格边框:选择单元格区域A5:G45,单击"开始"→"字体"→"边框"按钮右侧的向下箭头,从下拉列表中单击"所有框线"和"粗外侧框线"。

选择单元格区域A5:G5,按住"Ctrl"键,再选择单元格区域A44:G44,单击"开始"→"字体"→"边框"按钮右侧的向下箭头,从下拉列表中单击"双底框线"。

(3)计算总评成绩。

首先,确定每个学生的平时作业总评成绩的计算方法,设平时作业的总评成绩用学生4次作业的平均成绩来表示,可按如下步骤操作。

①单击G6单元格,单击"开始"→"编辑"→"求和"按钮(∑ 自动求和)右侧的向下箭头,从下拉列表中单击"平均值"选项,G6单元格显示公式"=AVERAGE(C6:F6)",单击回车键确认公式的输入,即可计算出单元格区域C6:F6的平均值。

如果"AVERAGE"的单元格区域参数不符合要求,可以用鼠标重新选择单元格区域。当然也可以直接输入公式及其参数,如"=AVERAGE(C6:F6)"。

②单击G6单元格,将鼠标置于该单元格的填充柄,按住鼠标左键并向下拖动填充柄至单元格G44,完成单元格区域G7:G44的公式填充,从而计算出单元格区域G7:G44的成绩平均值。

(4)计算平均成绩。计算全班学生每次作业的平均成绩,与每个学生4次作业的总评成绩类似。

①单击C45单元格,单击"开始"→"编辑"→"求和"按钮右侧的向下箭头,从下拉列表中单击"平均值"选项,C45单元格显示公式"=AVERAGE(C6:C44)",单击回车键确认公式的输入,即可计算出单元格区域C6:C44的平均值。

②单击C45单元格,按住鼠标拖动填充柄至单元格G45,完成单元格区域D45:G45的公式填充,从而计算出单元格区域D45:G45的成绩平均值。

(5)命名工作表。双击工作表标签,使工作表标签处于编辑状态,输入"平时作业"后,按"Enter"键即可完成工作表命名。

3. 建立"考勤"工作表

建立"考勤"工作表,如图2-21所示。其中,出勤填"√",请假填"⊙",缺勤填"×"。

	A	B	C	D	E	F	G	H	I	J	K	L	M	N	O
1							考勤情况登记表								
2						(2019/2020 学年第 一 学期)									
3	专业:建筑施工与管理											班级:1905			
4	课程名称:大学信息技术应用基础										任课教师:				
5	学号	姓名	第1次	第2次	第3次	第4次	第5次	第6次	第7次	第8次	第9次	第10次	第11次	第12次	总评
6	057131001	曹晓兰	√	⊙	√	√	√	√	×	√	⊙	√	×	×	62
7	057131002	陈珍	√	√	√	√	√	√	√	√	√	√	√	√	100
8	057131003	冯珍晓	√	√	√	√	√	√	√	√	√	√	√	√	100
9	057131004	何谢	√	√	√	×	√	×	√	√	×	×	√	√	60
10	057131005	黄洁芳	√	√	√	⊙	√	√	√	√	√	√	√	√	96
11	057131006	李源琴	×	√	√	×	√	√	√	√	√	√	√	√	80
12	057131007	廖丹全	√	×	√	√	√	√	√	√	√	√	√	√	90
13	057131008	陆梦	√	√	√	√	√	√	√	√	√	√	√	√	80
14	057131009	罗圆琳	√	√	√	√	√	√	√	√	√	×	√	√	80
15	057131010	毛佳慧	√	√	√	√	√	√	√	√	√	√	√	√	100
16	057131011	潘芳丽	√	√	√	√	√	√	√	√	√	√	√	√	100
17	057131012	王萍玉	√	√	√	√	√	√	√	√	⊙	√	√	√	96
18	057131013	王剑	√	⊙	√	√	√	√	√	√	√	√	√	√	96
19	057131014	王飞丽	√	√	√	√	×	×	√	√	√	√	×	√	70
20	057131015	吴晓	√	√	√	√	×	√	√	√	√	√	√	√	90

平时作业 考勤

图2-21 "考勤"工作表

(1)复制工作表。

①右击"平时作业"工作表标签,弹出如图2-22所示工作表快捷菜单。

②单击"移动或复制"选项,打开如图2-23所示"移动或复制工作表"对话框。

③在"下列选定工作表之前"列表中选择"(移到最后)",选中"建立副本"复选框,单击"确定"按钮,完成工作表的复制。

图2-22 工作表快捷菜单

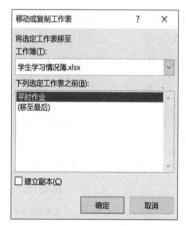

图2-23 "移动或复制工作表"对话框

(2)修改工作表。

①双击工作表标签,把工作表名修改为"考勤"。

②修改工作表表头内容。

③修改表格列的字段名及数据内容。

④修改列宽:单击C列标签,当鼠标指针形状变为(↓)时,按住鼠标拖动至O列,选定C列至O列区域。单击"开始"→"单元格"→"格式"按钮,在展开列表的"单元格大小"选区单击"列宽"选项,在弹出的"列宽"对话框中,输入列宽"5",单击"确定"按钮,完成列宽的修改。

(3)计算总评成绩。

①确定计算方法:设满分为100分,请假1次扣4分,缺课1次扣10分,缺课和请假超过5次总评为0。

②确定计算公式:因为总评成绩的计算要根据缺课和请假情况而定,所以可以采用IF函数和COUNTIF函数实现计算功能。

IF函数的功能是判断一个条件是否满足,如果满足返回一个值,如果不满足则返回另一个值,函数格式为:

$$IF(logical\_test,value\_if\_true,value\_if\_false)$$

其中,logical_test为判断条件,value_if_true为条件满足时返回的值,value_if_false为条件不满足时返回的值。

单元格O6的总评成绩可以利用IF函数和COUNTIF函数计算,计算公式可以表示为:

=IF(((COUNTIF(C6:N6,"=×")+COUNTIF(C6:N6,"=⊙"))<=5,100−COUNTIF(C6:N6,"=⊙")*4−COUNTIF(C6:N6,"=×")*10,0)

其中:函数COUNTIF(C6:N6,"=×")计算出单元格区域C6:N6中内容为"×"的单元格个数,即为缺课的次数。同样,COUNTIF(C6:N6,"=⊙")为请假的次数。

因此,以上IF函数中的判断条件为(COUNTIF(C6:N6,"=×")+COUNTIF(C6:N6,"=⊙"))<=5,表示"缺课次数+请假次数≤5"。

如果判断条件成立则总评成绩为:100−COUNTIF(C6:N6,"=⊙")*4−COUNTIF(C6:N6,"=×")*10,即100−(请假次数×4+缺课次数×10);如果判断条件不成立则总评成绩为0。

③输入公式:单击O6单元格,输入以上公式并回车,即计算出该学生的出勤总评成绩。

再单击O6单元格,按住鼠标拖动填充柄至单元格O44,完成单元格区域O7:O44的公式填充,从而计算出单元格区域O7:O44的出勤总评成绩。

(4)计算出勤率。

①确定计算公式:出勤率的计算公式可以表示为"出勤人数/总人数"。可利用COUNTIF函数和COUNTA函数实现计算功能。其中,COUNTA函数的功能是计算参数表所包含的数值个数以及非空单元格的数目。函数格式为:

COUNTA(value,value,…)

如,单元格C45中出勤率的计算公式可以表示为:

=COUNTIF(C6:C44,"=√")/COUNTA(C6:C44)

②输入公式:单击C45单元格,输入以上公式并回车,即计算出全班学生的出勤率。

再单击C45单元格,按住鼠标拖动填充柄至单元格N45,完成单元格区域D45:N45的公式填充,从而计算出每次课的出勤率。

4. 建立"实训"工作表

"实训"工作表如图2-24所示,其建立方法与"平时作业"工作表类似,这里不再赘述。

(1)计算总评成绩。本课程的项目实训共有4个,每个项目实训的成绩均设为100分,实训的成绩总评为4个项目的平均成绩。

图2-24 "实训"工作表(一)

单击单元格G6,单击"开始"→"编辑"→"求和"按钮右侧的向下箭头,从下拉列表中单击"平均值"选项,G6单元格显示公式"=AVERAGE(C6:F6)",单击回车键确认公式的输入,即可计算出单元格区域C6:F6的平均值。

接着,再次单击G6单元格,鼠标按住左键拖动填充柄至单元格G44,完成单元格区域G7:G44的公式填充,计算出每个学生的实训总评成绩。

(2)计算名次。"实训"工作表的名次是指学生的总评成绩在整个工作表总评列数据中的排名。

①确定计算公式:名次的计算可以利用RANK函数实现。RANK函数的功能是返回某数值在一数据列表中的排位。函数格式为:

$$RANK(number,ref,order)$$

其中,number为需要计算排位的数字。ref为数据列表数组或对数据列表的引用,其中非数值型参数将被忽略。order为排位的方式,如果order为0或省略,则排位按降序排列;如果order不为零,排位则按升序排列。

如单元格H6的计算公式可以表示为:

$$=RANK(G6,\$G\$6:\$G\$44,0)$$

其中:$G$6:$G$44为绝对引用,以保证当公式复制时单元格引用的地址保持不变。公式表示计算单元格G6的值(即该学生的实训总评成绩的值)在单元的区域G6:G44所有值(即全班学生的实训总评成绩)中的名次排位。

②输入公式:单击H6单元格,输入以上公式。接着,鼠标按住左键拖动填充柄至单元格H44,完成单元格区域H7:H44的公式填充,计算出总评成绩(单元格区域G7:G44)的名次,且显示在相应的名次单元格区域H7:H44中,如图2-25所示。

	A	B	C	D	E	F	G	H
1				项目实训情况登记表				
2				(2019/2020 学年第 一 学期)				
3	专业:建筑施工与管理						班级:1905	
4	课程名称:大学信息技术应用基础						任课教师:	
5	学号	姓名	项目1	项目2	项目3	项目4	总评	名次
6	057131001	曹晓兰	67	80	75	80	75	17
7	057131002	陈珍	74	97	35	92	74	18
8	057131003	冯珍晓	87	65	92	70	79	12
9	057131004	何谢	91	74	90	61	79	10
10	057131005	黄洁芳	78	83	37	99	74	19
11	057131006	李源琴	80	86	65	63	73	24
12	057131007	廖丹全	88	66	77	83	79	11
13	057131008	陆梦	75	90	69	68	76	15
14	057131009	罗圆琳	69	60	81	86	74	20
15	057131010	毛佳慧	98	91	88	90	92	2
16	057131011	潘芳丽	87	65	76	54	71	32
17	057131012	王萍玉	94	53	83	54	71	31
18	057131013	王剑	61	76	67	65	67	36
19	057131014	王飞丽	63	62	90	80	74	21
20	057131015	吴晓	85	93	100	98	94	1

图2-25 "实训"工作表(二)

5. 建立"网上自主学习"工作表

用同样的方法,建立如图2-26所示的"网上自主学习"工作表。

	A	B	C	D	E	F
1			网上自主学习情况登记表			
2			(2019/2020 学年第 一 学期)			
3	专业:建筑施工与管理				班级:1905	
4	课程名称:大学信息技术应用基础				任课教师:	
5	学号	姓名	论坛发帖数	论坛回帖数	在线学习时间	总评
6	057131001	曹晓兰	6	18	106	
7	057131002	陈珍	11	0	180	
8	057131003	冯珍晓	15	8	293	
9	057131004	何谢	13	5	293	
10	057131005	黄洁芳	8	18	261	
11	057131006	李源琴	14	18	186	
12	057131007	廖丹全	8	7	170	
13	057131008	陆梦	18	18	222	
14	057131009	罗圆琳	9	18	178	
15	057131010	毛佳慧	6	12	237	
16	057131011	潘芳丽	10	2	109	
17	057131012	王萍玉	9	19	89	
18	057131013	王剑	8	7	270	
19	057131014	王飞丽	7	14	201	
20	057131015	吴晓	9	17	162	

网上自主学习　成绩 ...

图2-26 "网上自主学习"工作表(一)

(1)确定总评成绩的计算方法。设总评成绩满分为100分,其中论坛发帖和回帖各占30分,在线学习占40分。具体计算方法是:每一个发帖或回帖均得3分,发帖或回帖的满分均为30分;在线学习时间超过200分钟得40分,否则每分钟0.2分。

(2)确定总评成绩的计算公式。根据以上网上自主学习总评成绩的计算方法,可以用IF函数来实现其计算要求,如单元格F6的总评成绩计算公式可以表示为:

=IF(C6>10,30,C6*3)+IF(D6>10,30,D6*3)+IF(E6>200,40,E6*0.2)

其中,IF(C6>10,30,C6*3)表示如果发帖数C6大于10则发帖得分为30,否则为发帖数乘3。同样IF(D6>10,30,D6*3)为根据回帖数的得分计算,IF(E6>200,40,E6*0.2)为根据在线学习时间的得分。即以上公式表示:发帖得分+回帖得分+在线学习得分。

(3)输入总评成绩的计算公式。单击F6单元格,输入以上公式并回车。再单击F6单元格,按住鼠标拖动填充柄至单元格F44,完成单元格区域F7:F44的公式填充,从而计算出单元格区域F7:F44的总评成绩,如图2-27所示。

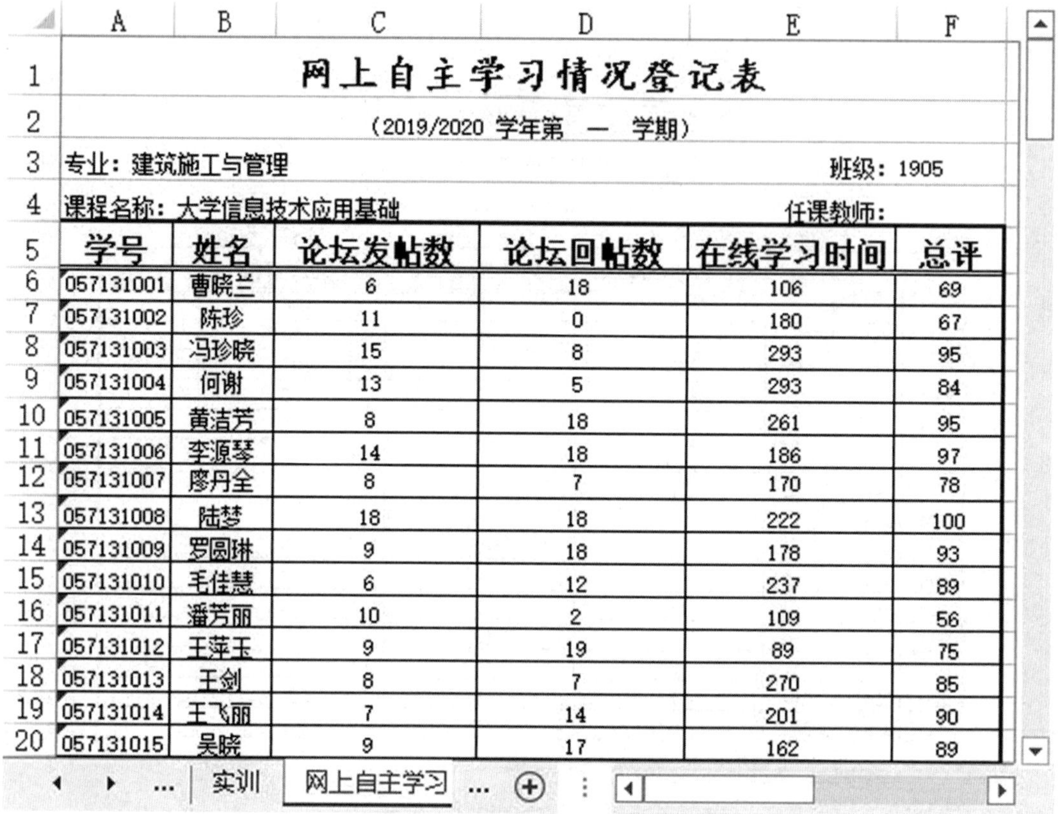

图2-27 "网上自主学习"工作表(二)

6. 建立"成绩"工作表

"成绩"工作表如图2-28所示,其建立方法相对复杂一些。

第一步:先从其他工作表复制一些公共的信息,如学号、姓名。

第二步:分别输入字段名:形成性成绩、期中成绩、期末成绩和总评。

第三步:复制左侧6列字段名到H列~M列。

第四步:缩小G列的列宽。

第五步:输入H29:M35单元格区域的考试成绩统计区的固定内容。

第六步:输入学生的期中成绩和期末成绩。

成绩登记表											
(2019/2020学年第一学期)											
专业: 建筑施工与管理									班级: 1905		
课程名称: 大学信息技术应用基础									任课教师:		

学号	姓名	形成性成绩	期中成绩	期末成绩	总评	学号	姓名	形成性成绩	期中成绩	期末成绩	总评
057131001	薑晓兰		58	83		057131031	施杰福		74	88	
057131002	陈珍		93	98		057131032	壹星钢		43	46	
057131003	冯珍晓		85	98		057131033	汪滔超		61	64	
057131004	何询		80	64		057131034	阅丁		78	78	
057131005	龚洁芳		92	67		057131035	徐昕力		97	85	
057131006	李源琴		53	62		057131036	应进		57	51	
057131007	廖丹全		90	80		057131037	张博中		84	78	
057131008	陆梦		73	90		057131038	郑华		38	70	
057131009	罗圆琛		90	90		057131039	朱非		77	58	
057131010	毛佳蔓		71	90							
057131011	潘芳丽		74	62							
057131012	王萍玉		65	97							
057131013	王剑		77	90							
057131014	王飞丽		94	62							
057131015	吴晓		95	51							
057131016	徐晓星		96	98							
057131017	徐星颖		98	100							
057131018	姚英		77	83							
057131019	郑辉		75	68							
057131020	钟建		65	35							
057131021	岑冬伟		97	68							
057131022	陈明辛		98	51							
057131023	陈毅云		63	47				考试成绩分析			
057131024	董晓		82	71		90分以上	人		应考	人	
057131025	方畔佳		65	78		80-89分	人		实考	人	
057131026	何明一		80	76		70-79分	人		最高分	分	
057131027	李波冬		86	64		60-69分	人		最低分	分	
057131028	李冬毅		80	82		不及格	人		平均分	分	
057131029	林孙		90	62		40分以下	人				
057131030	商静盛		80	95							

图2-28 "成绩"工作表(一)

因为工作表比较长,我们可以采用冻结窗格的方式显示工作表,即当滚动浏览工作表内容时固定表头,以方便长表格的编辑和浏览。

冻结窗格的具体操作方式:如果需要冻结工作表前5行,则先选择第6行,也即选定第1个学生记录,然后选择菜单"窗口"→"冻结窗口",完成窗口的冻结。现在,我们可以滚动工作表内容,如图2-29所示。

(1)形成性成绩的计算。

①确定计算方法:设形成性成绩满分为100分,其中平时作业占20%、考勤占10%、实训占50%、网上自主学习占20%。

②确定计算公式:由于平时作业、考勤、实训、网上自主学习的成绩都来自不同的工作表,因此在单元格地址前都要加上工作表名。

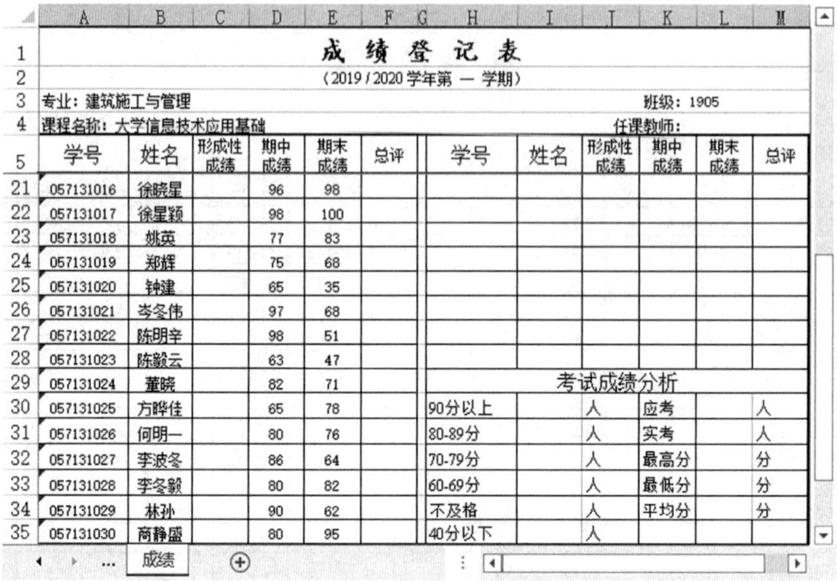

图 2-29 "成绩"工作表(二)

如单元格 C6 的形成性成绩的公式为：

=平时作业!G6*0.2+考勤!O6*0.1+实训!G6*0.5+网上自主学习!F6*0.2

③输入公式：单击单元格 C6，输入以上公式。公式可以直接输入，也可以输入等号(=)后，单击相应工作表(如："平时作业"工作表)标签打开该工作表，然后单击相应的单元格(如：单元格 G6)，回车完成相应的单元格引用(如：平时作业! G6)，接着继续公式其余内容的输入。

完成单元格 C6 的公式输入后，再单击单元格 C6，按住鼠标拖动填充柄至单元格 C35，完成单元格区域 C7:C35 的公式填充，求出单元格区域 C7:C35 的形成性成绩。

同样，单击 J6 单元格，输入公式：

=平时作业!G36*0.2+考勤!O36*0.1+实训!G36*0.5+网上自主学习!F36*0.2

然后，再单击单元格 J6，按住鼠标拖动填充柄至单元格 J14，完成单元格区域 J7:J14 的公式填充，求出单元格 J7:J14 的形成性成绩。完成了形成性成绩的计算后，"成绩"工作表如图 2-30 所示。

(2)总评成绩的计算。

①确定计算方法：设总评成绩满分为 100 分，其中形成性成绩占 40%、期中成绩占 20%、期末成绩占 40%。

②确定计算公式：如单元格 F6 的总评成绩的公式为：

=C6*0.4+D6*0.2+E6*0.4

③输入公式：单击单元格 F6，输入以上公式。然后，再单击单元格 F6，按住鼠标拖动填充柄至单元格 F35，完成单元格区域 F7:F35 的公式填充，求出单元格区域 F7:F35 的总评成绩。

单击 M6 单元格，输入公式：

=J6*0.4+K6*0.2+L6*0.4

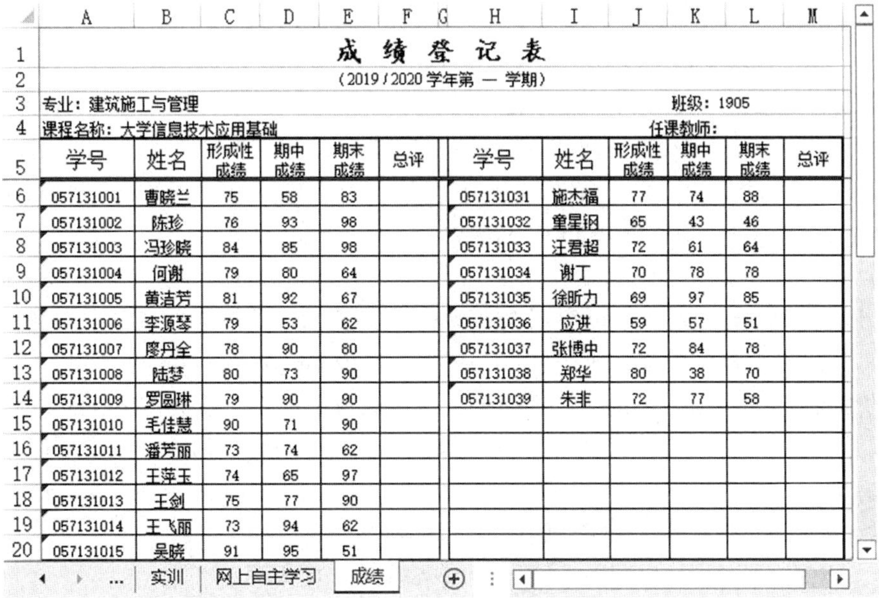

图 2-30　"成绩"工作表(三)

然后,再单击单元格 M6,按住鼠标拖动填充柄至单元格 M14,完成单元格区域 M7:M14 的公式填充,求出单元格区域 M7:M14 的总评成绩。

(3)统计 90~100 分的人数。利用 COUNTIF 函数统计总评成绩 90~100 分的人数,其中统计条件可以设为">89",统计范围为单元格区域 F6:F35 和 M6:M14,公式可表示为:

=COUNTIF(F6:F35,">89")+COUNTIF(M6:M14,">89")

操作方法:单击 I30 单元格,输入以上公式,即可计算出总评成绩 90~100 分的人数。

(4)统计 80~89 分的人数。统计总评成绩 80~89 分的人数,可以理解为:统计总评成绩大于 79 的人数减去总评成绩大于 89 的人数。因此,公式表示为:

=COUNTIF(F6:F35,">79")+COUNTIF(M6:M14,">79")−COUNTIF(F6:F35,">89")−COUNTIF(M6:M14,">89")

操作方法:单击 I31 单元格,输入以上公式,即可计算出总评成绩 80~89 分的人数。

(5)统计 70~79 分的人数。同样,统计总评成绩 70~79 分的人数,可以理解为:统计总评成绩大于 69 的人数减去总评成绩大于 79 的人数。因此,公式表示为:

=COUNTIF(F6:F35,">69")+COUNTIF(M6:M14,">69")−COUNTIF(F6:F35,">79")−COUNTIF(M6:M14,">79")

操作方法:单击 I32 单元格,输入以上公式,即可计算出总评成绩 70~79 分的人数。

(6)统计 60~69 分的人数。同样,统计总评成绩 60~69 分的人数,可以理解为:统计总评成绩大于 59 的人数减去总评成绩大于 69 的人数。因此,公式表示为:

=COUNTIF(F6:F35,">59")+COUNTIF(M6:M14,">59")−COUNTIF(F6:F35,">69")−COUNTIF(M6:M14,">69")

操作方法:单击 I33 单元格,输入以上公式,即可计算出总评成绩 60~69 分的人数。

(7)统计 0~59 分的人数。统计总评成绩 0~59 分的人数,其统计条件可以设为"<=

59”,公式表示为:

=COUNTIF(F6:F35,"<=59")+COUNTIF(M6:M14,"<=59")

操作方法:单击I34单元格,输入以上公式,即可计算出总评成绩0~59分的人数。

(8)统计0~39分的人数。同样,统计总评成绩0~39分的人数,其统计条件可以设为“<=39”,公式表示为:

=COUNTIF(F6:F35,"<=39")+COUNTIF(M6:M14,"<=39")

操作方法:单击I35单元格,输入以上公式,即可计算出总评成绩0~39分的人数。

(9)统计应考、实考人数。可利用COUNT和COUNTA函数统计应考和实考人数。函数COUNT与COUNTA的区别:函数COUNT在计数时,把数字、空值、逻辑值、日期或以文字代表的数统计进去,但是错误值或其他无法转化成数字的文字则被忽略。而COUNTA的参数值可以是任何类型,可以包括空字符(" "),但不包括空白单元格。

利用COUNTA函数统计应考人数,其中统计范围为姓名单元格区域A6:A35和H6:H14。操作方法:单击L30单元格,输入公式:

=COUNTA(A6:A35,H6:H14)

可利用COUNT函数统计实考人数,其中统计范围为总评单元格区域F6:F35和M6:M14。操作方法:单击L31单元格,输入公式:

=COUNT(F6:F35,M6:M14)

(10)统计最高分、最低分、平均分。可利用MAX、MIN和AVERAGE函数统计最高分、最低分和平均分,其中统计范围也为单元格区域F6:F35和M6:M14。

操作方法如下:

单击L32单元格,输入计算最高分的公式:=MAX(F6:F35,M6:M14)

单击L33单元格,输入计算最低分的公式:=MIN(F6:F35,M6:M14)

单击L34单元格,输入计算平均分的公式:=AVERAGE(F6:F35,M6:M14)

至此,“成绩”工作表如图2-31所示。

成绩登记表

(2019/2020学年第 一 学期)

专业:建筑施工与管理　　班级:1905

课程名称:大学信息技术应用基础　　任课教师:

	A	B	C	D	E	F	G	H	I	J	K	L	M
5	学号	姓名	形成性成绩	期中成绩	期末成绩	总评		学号	姓名	形成性成绩	期中成绩	期末成绩	总评
24	057131019	郑辉	78	75	68	73							
25	057131020	钟建	79	65	35	59							
26	057131021	李冬伟	70	97	68	75							
27	057131022	陈明辛	78	98	51	71							
28	057131023	陈毅云	82	63	47	64							
29	057131024	董晓	77	82	71	76		考试成绩分析					
30	057131025	方晔佳	75	65	78	74		90分以上	4	人	应考	39	人
31	057131026	何明一	80	80	76	78		80-89分	11	人	实考	39	人
32	057131027	李波冬	77	86	64	74		70-79分	16	人	最高分	92	分
33	057131028	李冬毅	79	80	82	81		60-69分	5	人	最低分	53	分
34	057131029	林孙	76	90	62	73		不及格	3	人	平均分	76	分
35	057131030	商静盛	73	80	95	83		40分以下	0	人			

… 网上自主学习　成绩

图2-31 “成绩”工作表(四)

7.格式化工作表

（1）设置条件格式。把"成绩"工作表中不及格的成绩用红色、加粗、倾斜、双下划线表示，操作步骤如下：

①选中单元格区域C6∶F35和J6∶M14，选择方法：先选中单元格区域C6∶F35，按住"Ctrl"键再选中单元格区域J6∶M14。

②单击"开始"→"样式"→"条件格式"按钮，单击展开列表中"突出显示单元格规则"下的"小于"选项，打开"小于"对话框，如图2-32所示。

图2-32 "小于"对话框

在小于值文本框中输入"60"，单击"设置为"文本框右侧的向下箭头，在打开的下拉列表中单击"自定义格式"，在弹出的"设置单元格格式"对话框中设置"颜色"为"红色"，"字形"为"加粗""倾斜"，"下划线"为"双下划线"，单击"确定"按钮，返回"小于"对话框，单击"确定"按钮，完成把60以下的成绩标记为红色粗体，如图2-33所示。

成 绩 登 记 表
（2019/2020学年第 一 学期）

专业：建筑施工与管理　　　　　　　　　　　　　　　　班级：1905
课程名称：大学信息技术应用基础　　　　　　　　　　　任课教师：

学号	姓名	形成性成绩	期中成绩	期末成绩	总评	学号	姓名	形成性成绩	期中成绩	期末成绩	总评
057131001	曹晓兰	84	*58*	83	78	057131031	施杰福	74	74	88	80
057131002	陈珍	85	93	98	92	057131032	童星钢	65	*43*	*46*	*53*
057131003	冯珍晓	90	85	98	92	057131033	汪君超	70	61	64	66
057131004	何谢	81	80	64	74	057131034	谢丁	70	78	78	75
057131005	黄洁芳	85	92	67	79	057131035	徐昕力	64	97	85	79
057131006	李源琴	84	*53*	62	69	057131036	应进	66	*57*	*51*	*58*
057131007	廖丹全	80	90	80	82	057131037	张博中	68	84	78	75
057131008	陆梦	83	73	90	84	057131038	郑华	68	*38*	70	63
057131009	罗圆琳	81	90	90	87	057131039	朱非	63	77	*58*	64
057131010	毛佳慧	84	71	90	84						
057131011	潘芳丽	77	74	62	70						
057131012	王萍玉	78	65	97	83						
057131013	王剑	81	77	90	84						
057131014	王飞丽	75	94	62	74						
057131015	吴晓	82	95	*51*	72						

... 实训　网上自主学习　成绩　⊕

图2-33 "成绩"工作表（五）

（2）单元格式设置。把"考勤"工作表的单元格区域C45∶N45中的出勤率设置成百分比形式，操作步骤如下：

①选中单元格区域C45∶N45。

②单击"开始"→"数字"右下角的对话框启动按钮，打开"设置单元格格式"对话框，如

图2-34所示。在"数字"选项卡下,单击"分类"列表下的"百分比"选项,单击"确定"按钮。

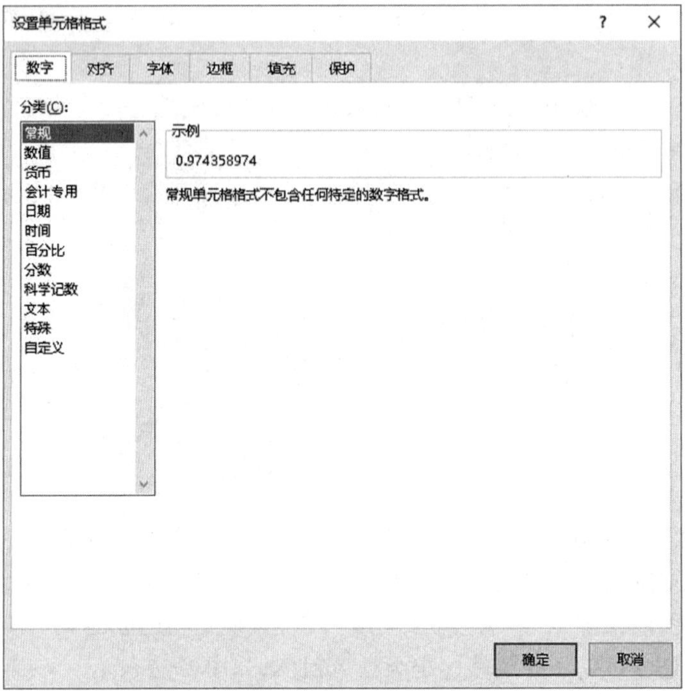

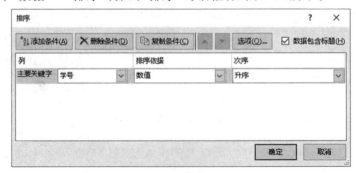

图2-34　"设置单元格格式"对话框

在"设置单元格格式"对话框中,除了可以设置"数字"格式以外,还可以设置"对齐"方式、"字体"格式、"边框"格式、"图案"格式和"保护"设置,它包含所有的单元格格式设置选项。所以,当"开始"→"数字"功能组中找不到快捷的按钮时,可以采用"设置单元格格式"对话框的方法来设置。

8.排序、筛选

(1)排序。在"实训"工作表中,把学生记录按"总评"成绩降序排列,操作步骤如下:

①选择单元格区域 A5:H44。注意:千万不要只选中 G 列,以免出现数据张冠李戴的现象。

②选择菜单"数据"→"排序",弹出"排序"对话框,如图2-35所示。

图2-35　"排序"对话框

在"排序"对话框的主关键字下拉列表中选择"总评",并选中"降序"单选按钮;选中"数据包含标题"复选框,单击"确定"按钮,完成名次从小到大排序,如图2-36所示。

学号	姓名	项目1	项目2	项目3	项目4	总评	名次
		项目实训情况登记表					
		(2019/2020 学年第 一 学期)					
专业:建筑施工与管理						班级:1905	
课程名称:大学信息技术应用基础						任课教师:	
057131015	吴晓	85	93	100	98	94	1
057131010	毛佳慧	98	91	88	90	92	2
057131016	徐晓星	90	98	95	82	91	3
057131038	郑华	90	69	88	83	83	4
057131024	董晓	83	74	80	92	82	5
057131026	何明一	77	99	80	71	82	6
057131030	商静盛	90	86	60	89	81	7
057131021	岑冬伟	98	76	60	90	81	8
057131035	徐昕力	70	87	71	90	79	9
057131004	何谢	91	74	90	61	79	10
057131007	廖丹全	88	66	77	83	79	11
057131003	冯珍晓	87	65	92	70	79	12
057131031	施杰福	70	97	61	87	79	13
057131022	陈明辛	97	80	70	66	78	14
057131008	陆梦	75	90	69	68	76	15

平时作业 考勤 **实训**

图2-36 "实训"工作表(三)

(2)自动筛选。在"实训"工作表中,选出4个项目实训成绩都80分或以上的学生,操作步骤如下:

①选择单元格区域C5:F5。

②单击"数据"→"排序和筛选"→"筛选"按钮,或单击"开始"→"编辑"→"排序和筛选"按钮下方的小箭头,在展开的下拉列表中单击"筛选"命令,此时每个列标题的右侧出现一个下拉箭头按钮。

③单击"项目1"列标题下拉箭头按钮,在下拉列表框中选择"数字筛选",在弹出的列表中选择"自定义自动筛选方式",打开如图2-37所示的对话框,把项目1的"等于"换成"大于或等于",右侧的值框输入"80",单击"确定"按钮。同时,对项目2、项目3和项目4也做同样操作,筛选结果如图2-38所示。

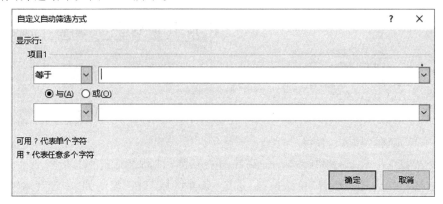

图2-37 "自定义自动筛选方式"对话框

图2-38 "实训"工作表(四)

④如果单击字段名(如项目1)右侧的箭头,弹出如图2-39所示的下拉列表选择"(全部)"可取消该列的自动筛选;或单击"数据"→"排序和筛选"→"筛选"按钮,也可取消自动筛选。

(3)高级筛选。在"实训"工作表中,选出其中有1个项目实训成绩达到90分以上(包含90分)的学生,操作步骤如下:

①复制单元格区域C5:F5标题数据到工作表的右侧或下方(与工作表数据至少隔开1行或1列),输入条件如2-40所示[如果要求4个实训同时达到90分以上(包含90分),则必须把条件">=90"放在同一行中]。

项目1	项目2	项目3	项目4
>=90			
	>=90		
		>=90	
			>=90

图2-39 自动筛选下拉列表   图2-40 条件区域

②选中单元格区域A5:H44。

③单击"数据"→"排序和筛选"→"高级"按钮,弹出"高级筛选"对话框,选中"方式"为"将筛选结果复制到其他位置"单选按钮;选定"条件区域";在"复制到"中选择A50单元格,如图2-41所示,然后单击"确定"按钮。筛选结果如图2-42所示。

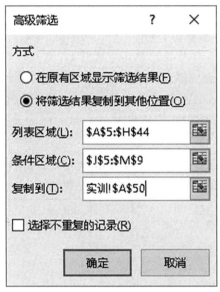

图 2-41 "高级筛选"对话框

	学号	姓名	项目1	项目2	项目3	项目4	总评	名次
50	学号	姓名	项目1	项目2	项目3	项目4	总评	名次
51	057131015	吴晓	85	93	100	98	94	1
52	057131010	毛佳慧	98	91	88	90	92	2
53	057131016	徐晓星	90	98	95	82	91	3
54	057131038	郑华	90	69	88	83	83	4
55	057131024	董晓	83	74	80	92	82	5
56	057131026	何明一	77	99	80	71	82	6
57	057131021	李冬伟	98	76	60	90	81	8
58	057131004	何谢	91	74	90	61	79	10
59	057131003	冯珍晓	87	65	92	70	79	12
60	057131031	施杰福	70	97	61	87	79	13
61	057131022	陈明辛	97	80	70	66	78	14
62	057131008	陆梦	75	90	69	68	76	15
63	057131017	徐星颖	91	59	82	69	75	16
64	057131002	陈珍	74	97	35	92	74	18
65	057131005	黄洁芳	78	83	37	99	74	19
66	057131025	方晔佳	60	70	92	69	73	26
67	057131029	林孙	68	97	87	36	72	29
68	057131012	王萍玉	94	53	83	54	71	31

… 平时作业 考勤 实训 … ⊕ ⋮

图 2-42 "实训"工作表（五）

9. 制作图表

在"网上自主学习"工作表中，建立"发帖数统计表"，操作步骤如下：

（1）建立"发帖数统计表"：在工作表的右侧单元格区域 H5∶H9 和单元格 I5 中输入如图 2-43 所示的数据清单内容。

①统计发帖数为1~5的人数。单击单元格I6,输入公式:=COUNTIF(C6:C44,"<=5"),完成发帖数为1~5的人数统计,如图2-44所示结果为2。

②统计发帖数为6~10的人数。单击单元格I7,输入公式:=COUNTIF(C6:C44,"<=10")-COUNTIF(C6:C44,"<=5"),完成发帖数为6~10的人数统计,如图2-44所示结果为23。

③统计发帖数为11~15的人数。单击单元格I8,输入公式:=COUNTIF(C6:C44,"<=15")-COUNTIF(C6:C44,"<=10"),完成发帖数为11~15的人数统计,如图2-44所示结果为10。

④统计发帖数为15以上的人数。单击单元格I9,输入公式:=COUNTIF(C6:C44,">15"),完成发帖数为大于15的人数统计,如图2-44所示结果为4。

图2-43　发帖数统计表(一)　　　　　　　　图2-44　发帖数统计表(二)

(2)建立"发帖数统计图"。

①单击以上"发帖数统计表"数据清单中任一单元格。

②单击"插入"→"图表"功能组右下角的对话框启动按钮,打开"插入图表"对话框,如图2-45所示。

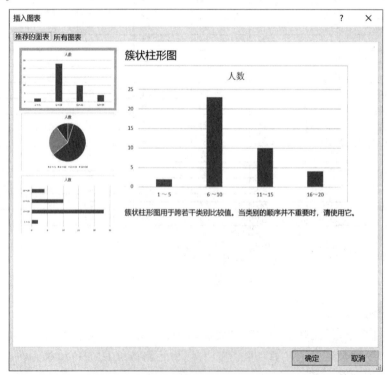

图2-45　"插入图表"对话框

③选择"三维饼图",单击"确定"按钮,生成图表如图2-46所示。

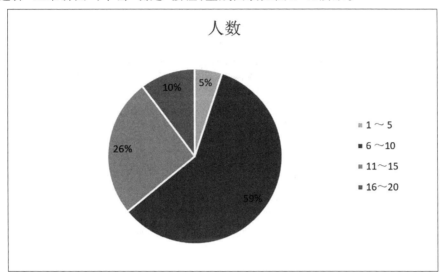

图2-46 论坛发帖数统计图表

在"平时作业"工作表中,建立4次作业成绩数据的迷你图,操作步骤如下:

①单击选中单元格H6。

②单击"插入"→"迷你图"→"柱形图"按钮(▬▬),打开"创建迷你图"对话框,如图2-47所示。

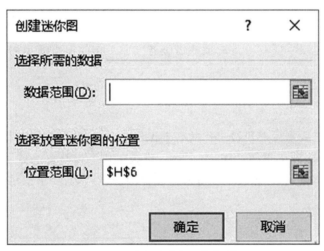

图2-47 "创建迷你图"对话框

③在"选择所需的数据"的"数据范围"中选择单元格区域C6:F6,单击"确定"按钮,创建单元格区域C6:F6数据的迷你图。

④单击单元格H6,按住鼠标拖动填充柄至单元格H44,完成单元格区域H7:H44的迷你图填充,如图2-48所示。

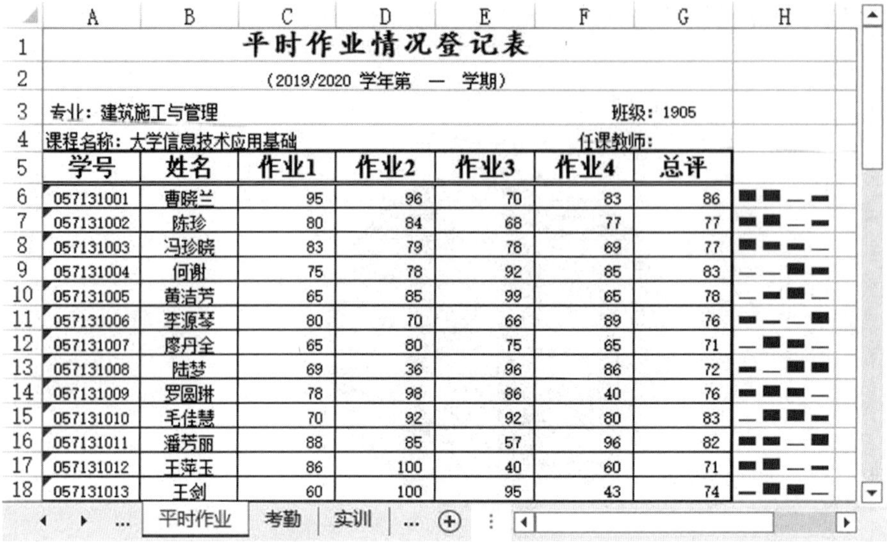

平时作业情况登记表

(2019/2020 学年第 — 学期)

专业：建筑施工与管理　　班级：1905

课程名称：大学信息技术应用基础　　任课教师：

学号	姓名	作业1	作业2	作业3	作业4	总评
057131001	曹晓兰	95	96	70	83	86
057131002	陈珍	80	84	68	77	77
057131003	冯珍晓	83	79	78	69	77
057131004	何谢	75	78	92	85	83
057131005	黄洁芳	65	85	99	65	78
057131006	李源琴	80	70	66	89	76
057131007	廖丹全	65	80	75	65	71
057131008	陆梦	69	36	96	86	72
057131009	罗圆琳	78	98	86	40	76
057131010	毛佳慧	70	92	92	80	83
057131011	潘芳丽	88	85	57	96	82
057131012	王萍玉	86	100	40	60	71
057131013	王剑	60	100	95	43	74

平时作业　考勤　实训

图 2-48 “平时作业”工作表(二)

任务4　撰写班级工作汇报稿

一、任务内容

认真总结班级工作,撰写一份能反映班级各方面工作的汇报演示稿。

二、任务分析

团结、能干的班委是做好班级工作的必要保证。班委各司其职,互相监督制约,对维护班级的稳定和进步起到很重要的作用。所以,班级工作汇报是班委展示工作成绩的时机,可以从班级建设、学习成果、课余活动等多角度介绍班级风貌,要求演示稿简洁、生动、直击要点、富有感染力。

三、解决任务步骤

1. 新建文档,保存文档

(1)新建演示文稿。

如果 PowerPoint 2016 应用程序尚未启动,则启动 PowerPoint 2016 应用程序,单击“空白演示文档”,即可创建一个名为“演示文档 1”的文档;如果 PowerPoint 2016 应用程序已启动,单击“文件”→“新建”选项,单击“空白演示文档”,新建一个空白演示文档。

（2）保存演示文稿（确定文件名及文件存放位置）。

① 单击"文件"→"保存"命令，或单击快速访问工具栏的"保存"按钮，双击"这台电脑"，弹出"另存为"对话框。

②在"另存为"对话框的左侧列表中选择"此电脑"下的 D 盘，在右侧列表中双击"实训项目 2"文件夹，然后在"文件名"列表框中输入"班级工作汇报"，单击"保存"按钮，把"班级工作汇报"演示文稿保存在 D 盘的"实训项目 2"文件夹下。

另外，在演示文稿设计和制作过程中，或在设计和制作结束后，单击快速访问工具栏中的"保存"按钮，及时保存演示文稿，以便当系统发生故障时减少损失。

2. 输入和编辑文稿内容

（1）单击幻灯片的标题占位符，输入"班级工作汇报"，单击幻灯片的副标题占位符，输入"建筑施工与管理专业 1905 班"，如图 2-49 所示。

单击"开始"→"幻灯片"→"新建幻灯片"按钮，插入"标题和内容"幻灯片，输入文字，如图 2-50 所示。

图 2-49　标题幻灯片

图 2-50　新建"标题和内容"幻灯片

在普通视图模式下，单击状态栏"普通视图"按钮切换到进入大纲视图，单击"开始"→"幻灯片"→"新建幻灯片"按钮，在大纲工作区输入文字，按"Enter"键可插入一张新幻灯片，按"Tab"键可转换为下级标题，输入内容如图 2-51 所示。

图 2-51　在大纲工作区输入幻灯片内容

3. 设置主题

主题包括主题效果、主题颜色和主题字体三者。主题效果是应用于文件中元素的视觉属性的集合。使用主题可以简化专业设计师水准的演示文稿的创建过程。

PowerPoint提供了多种设计主题,包含协调配色方案、背景、字体样式和占位符位置。在默认情况下,系统将普通Office主题应用于新的空演示文稿,可以通过变换不同的主题轻松快捷地更改演示文稿的整体外观。

单击"设计"→"主题"→主题列表右下角的"其他"按钮(▽),在展开的内置选项中,单击"丝状"主题,标题幻灯片如图2-52所示。

图2-52 应用"丝状"主题的标题幻灯片

4. 修改幻灯片母版

如果需要对演示文稿中的所有幻灯片进行统一的样式更改,可以修改幻灯片母版,具体操作如下:

(1)单击第4张幻灯片,单击"视图"→"母版视图"→"幻灯片母版"按钮,进入幻灯片母版视图,如图2-53所示。

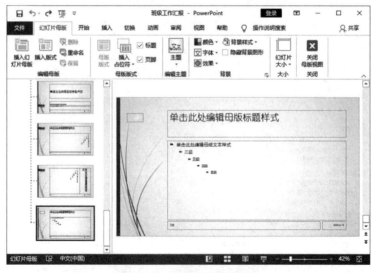

图2-53 幻灯片母版视图

（2）选中母版中的标题占位符,再单击"开始"→"字体"列表框右侧的向下箭头,选择为"方正粗圆简体",单击"开始"→"字体"→"增大字号"按钮一次。

（3）选中母版中的项目符号列表内容,单击"开始"→"字体"→"加粗"按钮和"增大字号"按钮各一次;单击"开始"→"段落"右下角的对话框启动按钮,打开"段落"对话框,把"间距"选区的"段前"设为"12磅","行距"选择为"1.5倍行距",单击"确定"按钮。

（4）单击列表第1行文字,单击"开始"→"段落"→"项目符号"按钮右侧的向下箭头,打开如图2-54所示的项目符号列表;单击"项目符号和编号",打开"项目符号和编号"对话框,如图2-55所示;单击"自定义"按钮,打开"符号"对话框,如图2-56所示;在"字体"列表框中选择"Wingdings",单击符号"❀",单击"确定"按钮,返回"项目符号和编号"对话框,再单击"确定"按钮,修改后的母版效果如图2-57所示。

图 2-54　项目符号列表

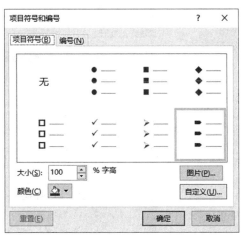

图 2-55　"项目符号和编号"对话框

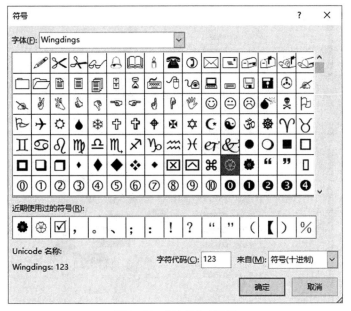

图 2-56　"符号"对话框

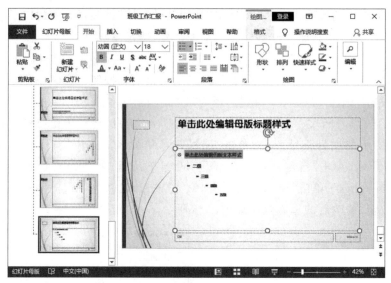

图 2-57　修改设置后的幻灯片母版视图

　　(5)单击"幻灯片母版"→"关闭"→"关闭母版视图"按钮。修改幻灯片母版后的,单击"开始"→"幻灯片"→"重置"按钮,第4张幻灯片如图2-58所示。

　　(6)单击"插入"→"图像"→"图片"按钮,插入班委的照片,如图2-59所示。

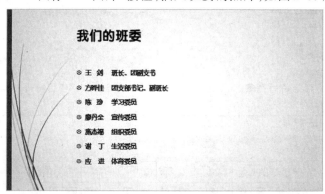

图 2-58　设置后的第4张幻灯片

图 2-59　修改后的第4张幻灯片

5. 制作第6张幻灯片

（1）单击选择第6张幻灯片，单击"开始"→"幻灯片"→"重置"按钮应用修改后的幻灯片母版，如图2-60所示。

图2-60 第6张幻灯片

（2）将幻灯片文本转换为SmartArt图形。单击幻灯片项目符号列表占位符，单击"开始"→"段落"→"转换为SmartArt图形"按钮（ ），可在展开的适合于项目符号列表的SmartArt图形布局中单击选择，若要查看完整的布局集合，可单击下方"其他SmartArt图形"选项，打开如图2-61所示的"选择SmartArt图形"对话框，选定"交替流"SmartArt图形布局，单击"确定"按钮，完成幻灯片文本转换为SmartArt图形。可利用"SmartArt工具/设计"→"创建图形"→"添加项目符号"按钮，如图2-62左图所示，对文字内容作适当编辑排版。

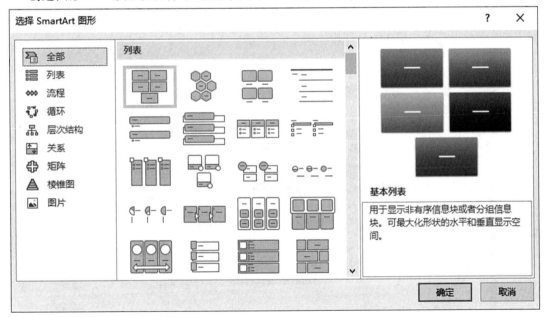

图2-61 "选择SmartArt图形"对话框

（3）更改 SmartArt 图形颜色。选中 SmartArt 图形，单击"SmartArt 工具/设计"→"Smart-Art 样式"→"更改颜色"按钮，在展开列表中单击"彩色"选区下的"彩色范围-个性色 5 至 6"，幻灯片效果如图 2-62 右图所示。

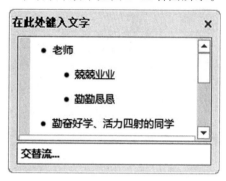
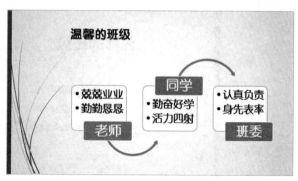

图 2-62　设置完成的第 6 张幻灯片效果

6. 制作第 3 张幻灯片

（1）单击第 3 张幻灯片，如图 2-63 所示。

（2）设置动画。选中幻灯片中所有名字文本框，单击"动画"→"动画"→"动画样式"按钮，在展开列表中单击"进入"选区下的"弹跳"动画效果；单击"动画"→"动画"功能组右下角的对话框启动按钮，打开"效果选项"对话框，如设置效果如图 2-64 所示；单击"计时"选项卡，设置开始为"上一动画之后"，延迟为"0.15"，期间为"非常快（0.5 秒）"，如图 2-65 所示，单击"确定"按钮。

选中"为了那美好的梦想""我们相聚在一起"文本框，单击"动画"→"动画"→"动画样式"按钮，在展开列表中单击"进入"选区下的"劈裂"动画效果。单击"我们相聚在一起"文本框，单击"动画"→"计时"→"开始"列表框右侧的向下箭头，在展开列表中单击"上一动画之后"。完成设置后的第 3 张幻灯片如图 2-66 所示。

图 2-63　第 3 张幻灯片

图 2-64 设置前的"效果选项"对话框

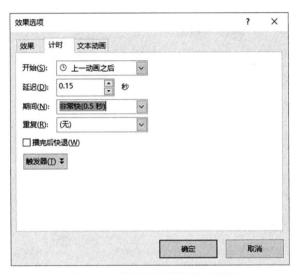

图 2-65 设置后的"擦除"对话框

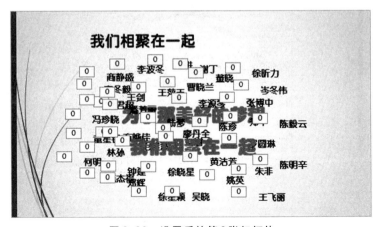

图 2-66 设置后的第 3 张幻灯片

7. 制作其他幻灯片

类似操作,制作其他幻灯片,如图 2-67 ~ 图 2-70 所示。

图 2-67 "汇报内容"幻灯片

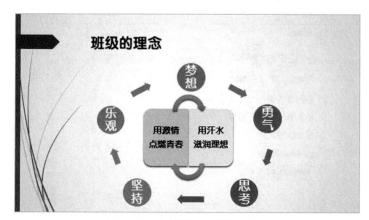

图 2-68 "班级的理念"幻灯片

图 2-69 "我们的学习"幻灯片

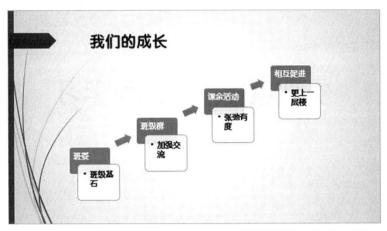

图 2-70　"我们的成长"幻灯片

 项目小结

　　本项目以制作"班级工作手册"为核心,把项目活动分解为整理班级工作文档、制作学生信息表、编制学生学习情况簿和撰写班级工作汇报稿四个小任务。项目涉及 Word、Excel、PowerPoint 应用软件的实际应用,如 Word 的文档编辑、表格制作排版,Excel 的数据处理,如公式、函数和排序等,PowerPoint 的主题、母版、SmartArt 图形等实用功能。

项目练习

　　通过实训项目示例的操作练习,根据自己班级实际情况,整理班级工作文档、制作学生信息表、编制学生学习情况簿和撰写班级工作汇报稿等任务,制作完成自己班级的"班级工作手册"。

实训项目三　课程学习

本章要点

★ 制订实训学习计划

★ 整理课程学习笔记

★ 撰写课程学习汇报稿

★ 课程学习成绩互评

项目描述

　　为了提高学生的数字化学习能力和应用创新能力,培育精益求精的"工匠精神",增强学生间的学习与交流。组织一次"大学信息技术应用基础"课程学习交流会活动项目。本项目主要包括制订课程实训学习计划、整理课堂学习笔记、撰写课程学习汇报稿、课程学习成绩互评四个任务。

　　本项目活动时间将持续一个学期,首先在学期初根据课程教学安排和教学要求制订个人的实训学习计划;在学习过程中,及时整理课堂学习笔记,直到授课结束完成笔记的整理和排版;期末总结课程的学习成果和心得,撰写课程学习汇报材料;最后,由同学完成课程的学习成绩互评。项目将完成如图3-1～图3-4所示主要文档的制作。

"大学信息技术应用基础"课程实训学习计划

周次	学习内容	实训内容			课程作业
		必做（项目一）	选做一（如项目二）	选做二（如项目三）	
1	第1章 绪论		1.确定实训项目组成员,分解任务 2.制订班级工作计划	1.确定实训项目组成员,分解任务 2.制订学习任务安排 3.录入第1章学习笔记	√
2	第2章 计算机组成		收集和撰写班级各种文档	录入第2章学习笔记	√
3~5	第3章 Windows 10 操作系统使用	1.Windows10 相关设置 2.Windows10 常用附件使用		录入第3章学习笔记	
6~9	第4章 Word 2016 使用			1.录入第4章学习笔记 2.合成前4章学习笔记,排版处理 3.学习任务安排等文档排版	
10~13	第5章 Excel 2016 使用		班级相关各种工作表格的格式化和数据处理	1.录入第5章学习笔记,并合文档 2.互评表制作	√
14-15	第6章 PowerPoint 2016 使用		班级工作汇报稿撰写	1.录入第6章学习笔记,并合文档 2.课程学习汇报稿撰写	
16~17	第7章 网络使用基础		召开班级工作汇报会	1.录入第7章学习笔记,并合文档 2.召开课程学习交流会 3.成绩互评	√

图3-1　实训学习计划样表

84

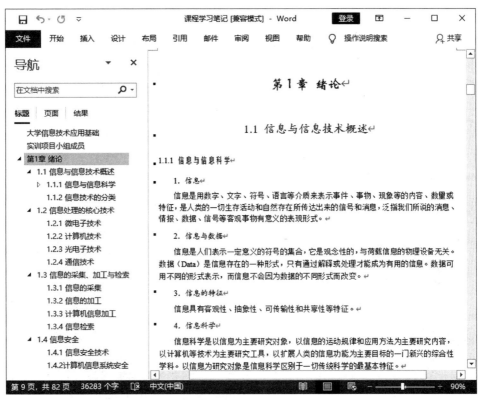

图 3-2 课程学习笔记

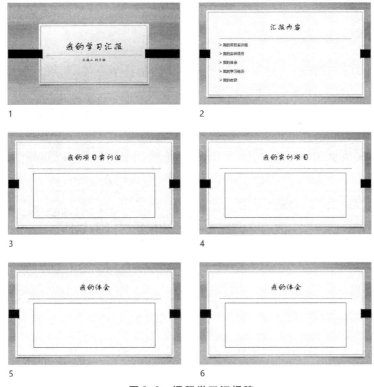

图 3-3 课程学习汇报稿

	A	B	C	D	E	F	G	H	I
1	"大学信息技术应用基础"课程学习成绩互评表								
2	评分人	必选实训项目	任选实训项目一	任选实训项目二	汇报情况	合作能力	课堂学习	自主学习	综合评价
3	自 评	89	90	90	95	94	90	90	90
4	同组成员一	90	95	89	90	97	88	89	93
5	同组成员二	90	86	90	90	89	99	88	90
6	同组成员三	98	75	90	93	90	80	98	90
7	其他成员一	89	89	82	80	90	87	80	98
8	其他成员二	95	87	90	87	90	90	89	89
9	其他成员三	90	85	87	95	94	90	90	98
10	其他成员四	88	90	98	90	92	94	97	95
11	其他成员五	90	90	92	92	94	89	88	96
12	其他成员六	85	89	90	90	98	85	99	95

王益建　李冰雪　胡晓平　李宇东　马跃建　谢平平　周丽珊　总表

图 3-4　课程学习成绩互评工作表

项目目标

通过本项目活动的实践操作,激发学习兴趣,把 Word 文字编辑排版、Excel 表格数据处理、PowerPoint 演示文档制作等的基本技能应用到实际任务中,从而提高实际应用的能力和综合运用的水平,同时增强自主学习和协作学习的能力,养成独立思考的学习习惯。

学习建议

● 本项目时间周期较长,建议在学期初就开始制订学习计划,明确学习目标,带着项目实训任务有目的地进行学习,遇到的问题应及时解决。

● 本项目建议由 4~6 人组成实训学习小组,相互协作学习,利用讨论、交流等形式解决学习中的疑难问题。

● 认真完成项目实训任务,把所学知识真正应用到实际中,以达到学以致用的学习目标。

任务1　制订实训学习计划

一、任务内容

制作一份适合自己的个人实训学习计划。

二、任务分析

在学期初,先查看一下课程教学大纲、教学实施方案等课程教学文件,了解本课程的学习内容,制定适合自己课程的学习方案。如本课程有实训任务,可以制订一个实训学习计划。

本课程有5个实训项目,要求完成3个实训项目,其中实训项目一是必做项目,实训项目二、项目三、项目四和项目五中可任选2个实训项目。

先简单了解实训项目的具体内容,再根据自己的学习需求选择实训项目。选择实训项目后,如果项目要求几人合作则需要组成项目小组,并进行适当分工,制订实训学习计划,以保证课程学习任务的顺利完成。

本任务是制订课程的实训学习计划,可以参考课程教学大纲、教学实施方案等课程教学文件,撰写适合自己实际情况的实训学习计划,并进行适当编辑排版即可。

三、解决任务步骤

1. 新建文档,保存文档

(1)新建文档。

如果Word 2016应用程序尚未启动,则选择菜单"开始"→"Word",单击"空白文档",即可创建一个名为"文档1"的文档。

如果Word 2016应用程序已启动,单击"文件"→"新建"选项,单击"空白文档",即可创建一个空白文档。

(2)保存文档(确定文件名及文件存放位置)。

① 单击"文件"→"保存"命令,或单击快速访问工具栏的"保存"按钮,双击"这台电脑",弹出"另存为"对话框。

②如果希望把文件存放在D盘的新建文件夹"实训项目3"中,则在"另存为"对话框的左侧列表中选择"此电脑"下的D盘,单击左侧列表上面的"新建文件夹"按钮,对话框的右侧出现新建文件夹,在名称框中输入"实训项目3"。

③在"文件名"列表框中输入"实训学习计划",单击"保存"按钮,完成"实训学习计划"文档的保存。

2. 创建表格

(1)输入标题。

在创建表格之前,先输入标题"'大学信息技术应用基础'课程实训学习计划"。

(2)创建一个8行6列的表格。

单击"插入"→"表格"→"表格"按钮,打开"插入表格"下拉列表,然后在"插入表格"下方格子上,拖动鼠标以选择8行6列,如图3-5所示,释放鼠标,即可在插入点处插入8行6列的普通网格型表格。

图3-5 "插入表格"下拉列表

（3）绘制表格线。

单击已创建的表格,单击"表格工具/布局"→"绘图"→"绘制表格"按钮,此时鼠标指针形状变成铅笔状,在第1行的3～5列绘制一条线,如图3-6所示。接着再次单击"绘制表格"按钮,即可结束表格的绘制。

图3-6 表格

（4）合并单元格。

选中第1行的第3～5列3个单元格,单击"表格工具/布局"→"合并"→"合并单元格"按钮,把这3个单元格合并为1个单元格。

3. 输入文字

根据自己的实际学习需求,选择实训项目,撰写课程实训计划,并填写课程实训计划表。如图3-7所示是实训学习计划样表,其中实训项目一是必做项目,另外选择了实训项目二和实训项目三作为任选的两个实训项目。

"大学信息技术应用基础"课程实训学习计划

周次	学习内容	实训内容			课程作业
		必做（项目一）	选做一(如项目二)	选做二(如项目三)	
1	第1章 绪论		1.确定实训项目组成员.分解任务 2.制订班级工作计划	1.确定实训项目组成员,分解任务 2.制订学习任务安排 3.录入第1章学习笔记	√
2	第2章 计算机组成		收集和撰写班级各种文档	录入第2章学习笔记	√
3~5	第3章 Windows 10 操作系统使用	1.Windows10相关设置 2.Windows10常用附件使用		录入第3章学习笔记	
6~9	第4章 Word 2016 使用			1.录入第4章学习笔记 2.合成前4章学习笔记,排版处理 3.学习任务安排等文档排版	
10~13	第5章 Excel 2016 使用		班级相关各种工作表格的格式化和数据处理	1.录入第5章学习笔记,并合文档 2.互评表制作	√
14~15	第6章 PowerPoint 2016 使用		班级工作汇报稿撰写	1.录入第6章学习笔记,并合文档 2.课程学习汇报稿撰写	
16~17	第7章 网络使用基础		召开班级工作汇报会	1.录入第7章学习笔记,并合文档 2.召开课程学习交流会 3.成绩互评	√

图 3-7　课程实训计划样表(一)

4. 表格格式化

对表格进行编辑和格式化,以适合实训学习计划表各栏目的实际需求。

(1)设置纸张方向。由于表格内容较多,把A4纸"纵向"改为"横向"更合理。具体设置方法为:单击"布局"→"页面设置"→"纸张方向"按钮,在打开的下拉列表中选择"横向"。

（2）调整列宽。选中表格第1列，单击"表格工具/布局"→"单元格大小"→"表格列宽"微调按钮，设置列宽为1.32厘米。同样，把第2列列宽设置为5.8厘米，第3、4列列宽都设置为5厘米，第5列列宽设置为6厘米，第6列列宽设置为1.32厘米。

（3）设置单元格对齐方式。选中整个表格，单击"表格工具/布局"→"对齐方式"→"水平居中"按钮（图），使文字在单元格内水平和垂直都居中。

选中第3行第2列至第9行第5列的单元格区域，单击"表格工具/布局"→"对齐方式"→"中部左对齐"按钮（图），使文字在单元格内垂直居中，并靠单元格左侧对齐。

（4）表格居中。选中整个表格，单击"开始"→"段落"→"居中"按钮（图），使表格在页面中居中对齐。至此，课程实训学习计划表如图3-8所示。

"大学信息技术应用基础"课程实训学习计划

周次	学习内容	实训内容			课程作业
		必做（项目一）	选做一（如项目二）	选做二（如项目三）	
1	第1章 绪论		1.确定实训项目组成员，分解任务 2.制订班级工作计划	1.确定实训项目组成员，分解任务 2.制订学习任务安排 3.录入第1章学习笔记	√
2	第2章 计算机组成		收集和撰写班级各种文档	录入第2章学习笔记	√
3~5	第3章 Windows 10 操作系统使用	1.Windows10 相关设置 2.Windows10 常用附件使用		录入第3章学习笔记	
6~9	第4章 Word 2016 使用			1.录入第4章学习笔记 2.合成前4章学习笔记，排版处理 3.学习任务安排等文档排版	
10~13	第5章 Excel 2016 使用		班级相关各种工作表格的格式化和数据处理	1.录入第5章学习笔记，并合文档 2.互评表制作	√
14~15	第6章 PowerPoint 2016 使用		班级工作汇报稿撰写	1.录入第6章学习笔记，并合文档 2.课程学习汇报稿撰写	
16~17	第7章 网络使用基础		召开班级工作汇报会	1.录入第7章学习笔记，并合文档 2.召开课程学习交流会 3.成绩互评	√

图3-8 课程实训学习计划样表（二）

5.设置表格字体

（1）设置标题。选中标题，先单击"开始"→"样式"→"标题1"按钮，然后单击"开始"→"段落"→"居中"按钮，使标题在页面中居中对齐。

（2）设置表头。选中表头（第1、2行），先单击"开始"→"字体"→"字体"列表框右侧的向下箭头，打开"字体"下拉式列表框，选择"华文细黑"字体。然后单击"开始"→"字体"→"加粗"按钮。至此，课程实训学习计划表就和图3-1所示一样了。

任务2　整理课程学习笔记

一、任务内容

整理课程学习笔记，并根据图书版式的一般常用规范，利用 Word 2016 文字处理软件的各种排版功能，完成课程学习笔记的排版工作。

二、任务分析

记课程笔记是一个非常好的学习习惯。记笔记的过程是一个由感知转化为联想、分析、综合,再转化为文字表达的比较复杂的思维过程,有利于接受新知识、巩固理解以及快速、有效地复习。

建议在面授课前,预先利用课程提供的各种学习资源对授课内容进行自主学习,并做一点学习笔记。这样当听课时就会集中注意力于课程的重点难点,特别是那些自己弄不明白的内容,有的放矢地进行听课和记笔记。然后,课后认真整理并补充学习笔记中的不完整的部分,以便日后查看笔记时有一个完整的内容。

课堂笔记一般会延续一个学期,可以先逐步输入笔记内容,并对部分笔记进行排版。以后随着笔记的逐步添加、整理,可以完善笔记的内容和进一步的排版,直到课程结束完成整个课程笔记的整理和排版工作。

课堂笔记的输入可以由 4~6 人分工合作,每人输入 1~2 章,笔记内容不可以太少,否则无法达到学习长文档排版的目的。

三、解决任务步骤

1. 新建文档,保存文档

(1)新建文档。利用 Word 2016 应用程序创建一个空白文档。

(2)保存文档(确定文件名及文件存放位置)。

①单击"文件"→"保存"命令,或单击快速访问工具栏的"保存"按钮,双击"这台电脑",弹出"另存为"对话框。

②在"另存为"对话框的左侧列表中选择"此电脑"下的 D 盘,在右侧列表中双击"实训项目 3"文件夹,然后在"文件名"列表框中输入"课程学习笔记",单击"保存"按钮,把"课程学习笔记"文档保存在 D 盘的"实训项目 3"文件夹下。

2. 输入和编辑文档内容

Word 处理文档的操作顺序、操作方法可以多种形式,如可以先输入、编辑文本,后进行排版格式设置;也可以先进行排版格式设置,然后再输入、编辑文字。无论操作顺序和操作方法如何,只要实现文档编制要求都是可以的。不过操作方法也要尽量讲究简捷、规范,这样能起到事半功倍的效果。当然简捷而规范的操作方法可以在实践中摸索出来,也就是说项目实训是我们掌握知识和技能的一种好方法。

由于学习笔记文档内容比较多,为了节省时间,建议小组成员分工合作,每人整理输入一部分文本。

3. 页面设置

书稿的排版,首先考虑的应该是页面设置,确定书稿纸张的大小和边界,即确定书稿的尺寸、版心位置、天头地脚等,如图 3-9 所示。

页面设置将直接影响课堂笔记的实际打印效果,具体设置方法如下:

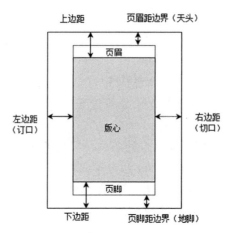

图3-9　书稿印刷的页面布局

（1）单击"布局"→"页面设置"功能组相应按钮进行各项设置，或单击"布局"→"页面设置"功能组右下角的对话框启动按钮，弹出"页面设置"对话框。

（2）在"页面设置"对话框中，在"页边距"选区中设置上、下边距均为"2.25厘米"，左、右边距均为"1.9厘米"；在"方向"选区中选择"纵向"；在"预览"选区中的"应用于"设置为"整篇文档"，如图3-10所示。

如果笔记打印出来比较厚，可以设置"装订线"选项，使每页的左侧多留出一些空白以便装订。

（3）在"页面设置"对话框中，单击"纸张"标签，打开"纸张"选项卡，在"纸张大小"选区选择"16开"；在"预览"选区中的"应用于"设置为"整篇文档"，如图3-11所示。

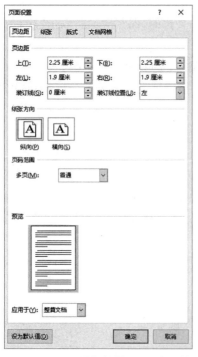

图3-10　"页面设置"对话框-"页边距"标签

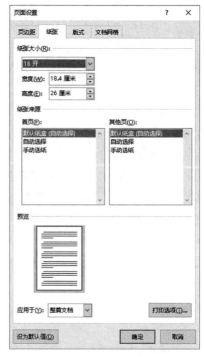

图3-11　"页面设置"对话框-"纸张"标签

（4）在"页面设置"对话框中，单击"版式"标签，打开"版式"选项卡，如图3-12所示。

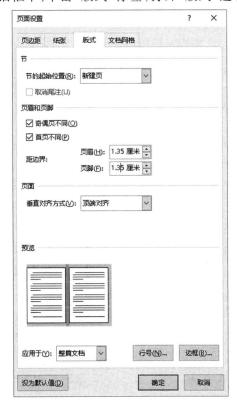

图3-12 "页面设置"对话框-"版式"标签

由于书籍基本上都采用双面打印，奇数页总是位于翻开的书的右侧页上，偶数页总是位于翻开的书的左侧页上。每一章的首页总是位于右侧页，即奇数页。如果某章以奇数页结束，最后会保留一个空白页，空白页总是位于左侧页，即偶数页。因此，在"节"选区中的"节的起始位置"应设置为"奇数页"。

一般书籍的奇数页与偶数页的页眉内容不一样，如偶数页的页眉显示书名，奇数页的页眉显示章名。每一章的首页一般不需要页眉和页脚。因此，在"页眉和眉脚"选项区中选中"奇偶页不同"和"首页不同"两个复选框，将"页眉"和"眉脚"都设置为"1.35厘米"。

在"预览"选区中的"应用于"设置为"整篇文档"。

（5）单击"确定"按钮，完成页面设置。

4. 设置和应用样式

一般简单文档处理时，我们经常用"格式刷"按钮来快速设置文字或段落的格式。如果在长文档中要进行大量的格式复制时，则使用格式刷就显得很笨拙了，而利用样式将会大大提高工作效率。

样式分为内置样式和自定义样式，内置样式是Word本身所提供的样式，用户也可以自己创建新的样式，即自定义样式。一般，当内置样式不能满足用户需求时，最常用的方法是修改Word现有的内置样式。

根据书稿排版要求，在文档中可设置如下样式：

（1）修改"正文"样式。

①单击"开始"→"样式"功能组右下角的对话框启动按钮,打开"样式"对话框,如图3-13所示。

②在"样式"对话框中,单击"管理样式"按钮(),弹出如图3-14所示的"管理样式"对话框。

图3-13　"样式"对话框

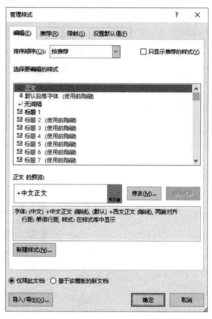

图3-14　"管理样式"对话框

③在"管理样式"对话框中,单击"修改"按钮,弹出"修改样式"对话框,如图3-15所示。

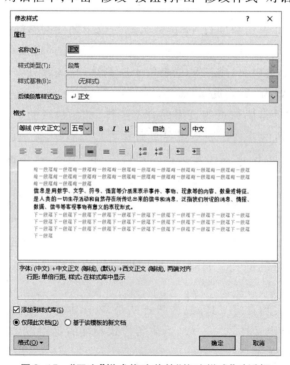

图3-15　"正文"样式修改前的"修改样式"对话框

④在"修改样式"对话框中,单击"格式"按钮,在弹出的下拉菜单中选择"段落"命令项,打开"段落"对话框。在"段落"对话框中,把"缩进"选区的"特殊格式"选择为"首行缩进","磅值"为"2字符";把"间距"选区的"行距"选择为"最小值",并把"设置值"设为"15.6磅",如图3-16所示,单击"确定"按钮,返回到"修改样式"对话框。

图3-16　"段落"对话框

⑤在"修改样式"对话框中,再单击"格式"按钮,在弹出的下拉菜单中选择"字体"命令项,打开"字体"对话框。在"字体"对话框中,把"中文字体"选择为"宋体","西文字体"选择为"Times New Roman",如图3-17所示,单击"确定"按钮,返回到"修改样式"对话框。

⑥修改后的"修改样式"对话框如图3-18所示,其中格式显示为"字体:(中文)宋体,(默认)Times New Roman,缩进:两端对齐;行距:最小值15.6磅;首行缩进:2字符"。单击"确定"按钮,返回到"管理样式"对话框,单击"确定"按钮,完成"正文"样式的修改。

(2)修改"标题1"样式。

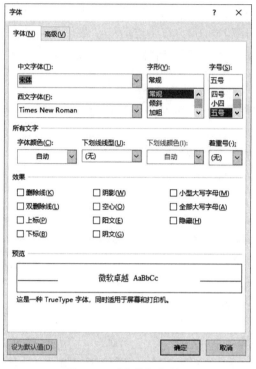

图 3-17 "字体"对话框

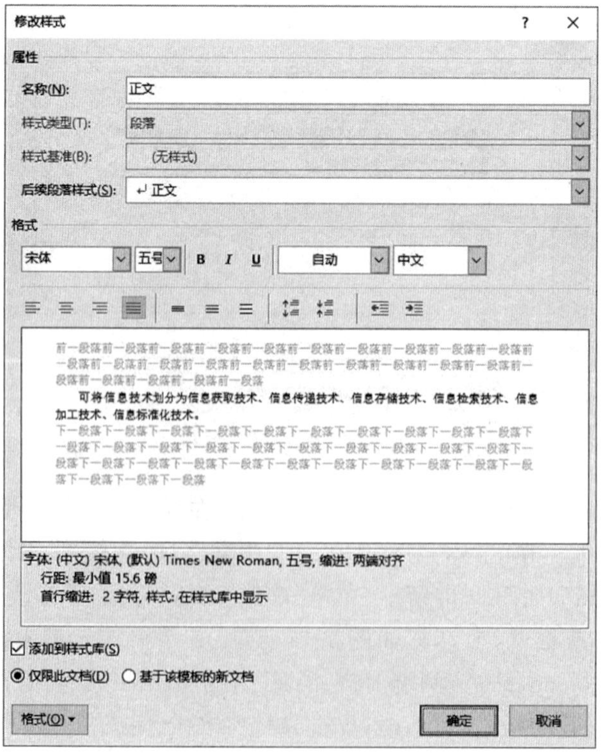

图 3-18 "正文"样式修改后的"修改样式"对话框

①与修改"正文"样式同样操作,打开如图3-19所示"标题1"样式修改前的"修改样式"对话框,其中格式显示为"正文+字体:二号,加粗,字距调整二号;行距:多倍行距2.41字行;段落间距段前:17磅,段后:16.5磅,与下段同页,段中不分页,1级"。

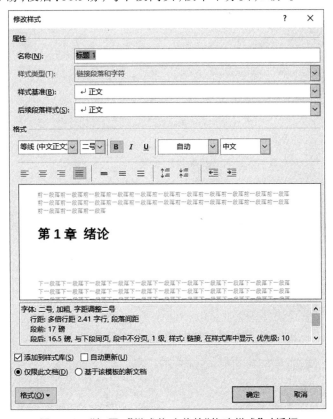

图3-19　"标题1"样式修改前的"修改样式"对话框

②在"修改样式"对话框中,单击"格式"按钮,在弹出的下拉菜单中选择"段落"命令项,打开"段落"对话框。在"段落"对话框中,把"常规"选区的"对齐方式"中选择为"居中","间距"选区的"段前""段后"都设置为"30磅","行距"选择为"最小值",并把"设置值"设为"15.6磅",单击"确定"按钮,返回"修改样式"对话框。

③在"修改样式"对话框中,单击"格式"按钮,在弹出的下拉菜单中选择"字体"命令项,打开"字体"对话框。在"字体"对话框中,把"中文字体"选择为"华文新魏","字形"选择为"常规","字号"选择为"小二",单击"确定"按钮,返回"修改样式"对话框。

④修改后的"修改样式"对话框如图3-20所示,其中格式显示为"正文+字体:(中文)华文新魏,小二,字距调整二号,居中;行距:最小值15.6磅,段落间距段前:30磅,段后:30磅,与下段同页,段中不分页,1级"。单击"确定"按钮,完成"标题1"样式的修改。

(3)修改"标题2"样式。

①与修改"正文"样式同样操作,打开如图3-21所示"标题2"样式修改前的"修改样式"对话框,其中格式显示为"字体:(中文)+中文标题(宋体),(默认)+文标题(Cambria),三号,加粗,多倍行距1.73字行,段落间距段前:13磅,段后:13磅,与下段同页,段中不分页,2级"。

图 3-20　"标题 1"样式修改后的"修改样式"对话框

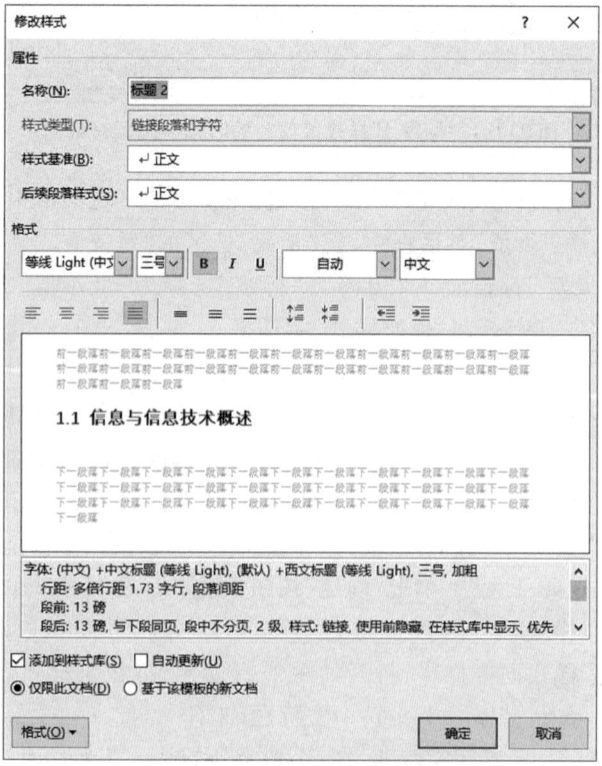

图 3-21　"标题 2"样式修改前的"修改样式"对话框

②在"修改样式"对话框中,单击"格式"按钮,在弹出的下拉菜单中选择"段落"命令项,打开"段落"对话框。在"段落"对话框中,把"常规"选区的"对齐方式"选择为"居中","间距"选区的"段前""段后"都设置为"18磅","行距"选择为"最小值",并把"设置值"设为"15.6磅",单击"确定"按钮,返回"修改样式"对话框。

③在"修改样式"对话框中,单击"格式"按钮,在弹出的下拉菜单中选择"字体"命令项,打开"字体"对话框。在"字体"对话框中,把"中文字体"选择为"楷体","西文字体"选择为"Times New Roman","字形"选择为"常规","字号"选择为"四号",单击"确定"按钮,返回"修改样式"对话框。

④修改后的"修改样式"对话框如图3-22所示,其中格式显示为"正文+字体:(中文)楷体,(默认)Times New Roman,四号,居中;行距:最小值15.6磅,段落间距段前:18磅,段后:18磅,与下段同页,段中不分页,2级"。单击"确定"按钮,完成"标题2"样式的修改。

图3-22 "标题2"样式修改后的"修改样式"对话框

(4)修改"标题3"样式。

①也与修改"正文"样式同样操作,打开如图3-23所示的"标题3"样式修改前的"修改样式"对话框,其中格式显示为"字体:三号,加粗;行距:多倍行距1.73字行,段落间距段前:13磅,段后:13磅,与下段同页,段中不分页,3级"。

②在"修改样式"对话框中,单击"格式"按钮,在弹出的下拉菜单中选择"段落"命令项,打开"段落"对话框。在"段落"对话框中,把"间距"选区的"段前""段后"都设置为"12磅","行距"选择为"最小值",并把"设置值"设为"15.6磅";单击"确定"按钮,返回"修改样式"对话框。

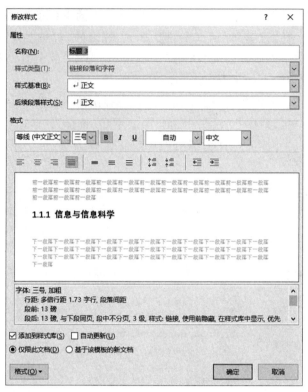

图 3-23 "标题 3"样式修改前的"修改样式"对话框

③在"修改样式"对话框中,单击"格式"按钮,在弹出的下拉菜单中选择"字体"命令项,打开"字体"对话框。在"字体"对话框中,把"中文字体"选择为"方正姚体","西文字体"选择为"Times New Roman","字形"选择为"常规","字号"选择为"五号",单击"确定"按钮,返回"修改样式"对话框。

④修改后的"修改样式"对话框如图 3-24 所示,其中格式显示为"字体:(中文)方正姚体,(默认)Times New Roman;行距:最小值 15.6 磅,段落间距段前:12 磅,段后:12 磅,与下段同页,段中不分页,3 级"。单击"确定"按钮,完成"标题 3"样式的修改。

图 3-24 "标题 3"样式修改后的"修改样式"对话框

（5）新建"图号"样式。

①在图3-13所示"样式"对话框中,单击"新建样式"按钮,弹出"根据格式化创建新样式"对话框,如图3-25所示。

图3-25 "根据格式化创建新样式"对话框

②在"根据格式化创建新样式"对话框的"名称"文本框中输入"图号",在"后续段落样式"列表框中选择"正文"样式,单击"格式"按钮,在弹出的下拉菜单中选择"段落"命令项,打开"段落"对话框。在"段落"对话框中,把"常规"选区的"对齐方式"选择为"居中";把"间距"选区的"段前""段后"都设置为"6磅";单击"确定"按钮,返回"根据格式化创建新样式"对话框。

③在"根据格式化创建新样式"对话框中,单击"格式"按钮,在弹出的下拉菜单中选择"字体"命令项,打开"字体"对话框。在"字体"对话框的"字号"中选择"小五",单击"确定"按钮,返回"根据格式设置创建新样式"对话框。

④设置后的"根据格式化创建新样式"对话框,如图3-26所示,其中格式显示为"字体:小五,居中;段落间距段前:6磅,段后:6磅"。单击"确定"按钮,完成"图号"样式的新建。

（6）新建"图形"样式。

①与新建"图号"样式同样操作,在图3-13所示"样式"对话框中,设置单击"新建样式"按钮,打开"根据格式化创建新样式"对话框,如图3-25所示。

②在"根据格式化创建新样式"对话框的"名称"文本框中输入"图形",在"后续段落样式"列表框中选择"图号"样式,单击"格式"按钮,在弹出的下拉菜单中选择"段落"命令项,打开"段落"对话框。在"段落"对话框中,把"常规"选区的"对齐方式"选择为"居中",取消选择"缩进"选区中的"如果定义了文档网格,则自动调整右缩进"复选框;"间距"选区的"段前"设置为"0.5行",取消选择"如果定义了文档网格,则对齐网格"复选框;单击"确定"按

钮,返回"根据格式化创建新样式"对话框。

图 3-26　设置后的"根据格式化创建新样式"对话框

③设置后的"根据格式化创建新样式"对话框如图 3-27 所示,其中格式显示为"字体:小五,定义文档网格后不自动调整右缩进,居中,段落间距段前:0.5 行,不对齐网格"。单击"确定"按钮,完成"图形"样式的新建。

图 3-27　设置后的图形"根据格式化创建新样式"对话框

（7）应用样式。

方法一：选择文档中的需要应用样式的段落，单击"开始"→"样式"功能组右下角的对话框启动按钮，打开如图 3-13 所示的"样式"对话框，单击所需的样式。

方法二：选择文档中的需要应用样式的段落，单击"开始"→"样式"→"样式库"列表框中所需的样式。

方法三：选择文档中的需要应用样式的段落，单击"开始"→"样式"→"样式库列表框"右下角的"其他"向下箭头按钮，展开图 3-28 所示"快速样式"库列表，单击"应用样式"选项，打开如图 3-29 所示的"应用样式"窗格，在"样式名"下拉列表中选择所需的样式。

图 3-28 "快速样式"库列表

图 3-29 "应用样式"窗格

（8）使用样式的好处。

样式是排版的基础，样式可以对文档的所有页面元素进行分类命名，即样式就是各种页面元素的格式设置。当需要调整文档中某页面元素时，只需修改对应样式即可。同时可利用"导航"窗格快速在文档中定位,还可以自动生成目录、页眉页脚等。

①快速更新。可以快速修改文档中某页面元素的格式设置,如需要把所有的"标题2"文字改为"华文细黑",按如下步骤操作即可。

步骤一:选择某个"标题2"段落。

步骤二:打开如图3-13所示的"样式"对话框,单击"标题2"样式右侧的向下箭头,展开如图3-30所示列表,单击"更新标题2以匹配所选内容"选项,此时"标题2"样式被修改,且文档中所有应用了"标题2"样式的段落格式都同时被更新。

图3-30 "标题2"样式操作列表

②自动生成目录。Word 2016可利用标题样式或自定义样式自动创建文档目录。由于"标题1"~"标题9"样式包含大纲级别,因此特别适合用于文档目录结构。如果样式格式不符合用户需求,可以修改样式。

5. 模板的运用

利用Word样式、样式集、主题、模板可以轻松实现文档格式的规范化并提高工作效率。如果把当前已经排版好的文档格式保存为新样式集或模板等,则以后可直接使用该样式集、模板创建新文档,新文档将拥有模板文档中的所有样式设置,而无须重新设置样式。

(1)创建模板。

①打开已经完成排版的"课程学习笔记"文档,并删除文档所有内容。

②选择菜单"文件"→"另存为",弹出"另存为"对话框。在"另存为"对话框的"保存类型"中选择"Word模板(*.dotx)",文件保存位置可选择"我的模板"文件夹目录(Users\Administrator\AppData\Roaming\Microsoft\Templates),再在"文件名"输入框中输入模板名称,如"笔记模板"。

③单击"保存"按钮即可保存模板文件。

(2)应用模板。

①选择菜单"文件"→"新建"→"我的模板",打开"新建"对话框。

②在"新建"对话框中,选择所需要应用的模板,如"笔记模板",单击"确定"按钮即可创建所选应用模板的新文档。

6. 题注和交叉引用

(1)题注。利用Word 2016的题注功能,可以在图形下方和表格上方添加"图2-1"和"表2-1"等文字说明,也可以在插入图形、表格等内容时自动添加题注。

添加题注的具体方法如下:

①单击"引用"→"题注"→"插入题注"按钮,打开"题注"对话框,如图3-31所示。

②如果未建立标签,则在"题注"对话框中,单击"新建标签"按钮,打开如图3-32所示的"新建标签"对话框,在"标签"文本框中键入需要的题注标签,如"图3-",单击"确定"按钮,返回"题注"对话框。

 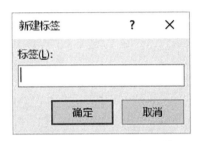

图 3-31　"题注"对话框(一)　　　　　　图 3-32　"新建标签"对话框

③如果已建立标签,则在"选项"选区中的"标签"列表框中,选择需要的标签,如"图3-",题注文本框中会自动显示题注编号,如图3-33所示,单击"确定"按钮即可在文档中插入题注。

图 3-33　"题注"对话框(二)

Word 2016对题注自动编号,如果对题注进行了添加、删除或移动,则Word 2016将对题注进行重新编号。

(2)交叉引用。交叉引用是对文档中其他位置内容的引用。例如,本书经常出现的"如图3-1所示"。在Word 2016中,可以为标题、脚注、书签、题注、编号段落等创建交叉引用。

创建交叉引用的具体方法如下:

①单击"引用"→"题注"→"交叉引用"按钮,打开"交叉引用"对话框。

②在"引用类型"下拉列表框中,单击要引用项目的类型,如"图3-";在"引用内容"下拉列表框中,选择要在文档中插入的信息,如"只有标签和编号";在"引用哪一个题注"框中,单击要引用的特定项目,如图3-34所示。

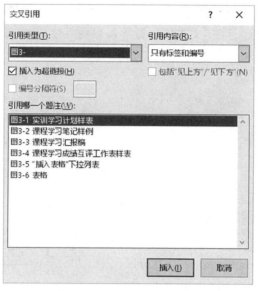

图3-34 "交叉引用"对话框

如果选中"插入为超链接"复选框,那么交叉引用就以超级链接方式插入到文档中,这样只要按住"Ctrl"键后单击它,就可以跳转到所引用的内容。

③单击"插入"按钮,即可插入交叉引用。

如果添加、删除或移动了交叉引用所引用的内容,可以在交叉引用上单击右键,在弹出的快捷菜单中选择"更新域"选项,即可非常方便地更新该交叉引用;或选择文档所有内容,单击右键,在弹出的快捷菜单中选择"更新域"选项,可更新文档中所有的交叉引用。

7. 目录

Word 2016可以自动创建文档目录,摆脱手工制作目录的麻烦,不用费力核对页码,也不必担心目录与正文不符,一旦文档发生变化可很方便地更新目录,使目录的制作变得非常简便有效。

(1)确定文档结构。在文档中创建目录前,首先确定文档的结构,即对希望在目录中作为标题的内容应用标题样式或包含大纲级别的样式或自定义的样式,如将笔记中的"章"标题定为"标题1","节"标题定为"标题2","小节"标题定为"标题3"。如果文档的结构清晰,创建目录就会变得非常简单快速。

由于书稿中的前言和目录不出现在目录中,因此不用对前言和目录应用标题样式。

文档的结构可以通过"视图"的"导航窗格"显示,如图3-2所示为"课程学习笔记样例"的"页面视图"+"导航"窗格的视图显示外观,在左侧"导航"窗格中可以看到条理清晰的文档结构。

(2)创建目录。文档结构确定完毕后即可创建目录。创建目录的具体操作步骤如下:

①把插入点移到需要创建目录的位置,如文档的开头。

②选择菜单"引用"→"目录"→"目录"按钮下方的向下按钮,展开如图3-35所示列表,如选择"内置"标签下的"自动目录1",即可自动插入目录,在"课程学习笔记"文档中插入目录的效果如图3-36所示。

图 3-35 "目录"操作列表

图 3-36 插入目录的效果

③也可在图 3-35 所示列表中选择"自定义目录",打开"目录"对话框,如图 3-37 所示,如果要在目录中每个标题后面显示页码,应选择"显示页码"复选框。如果选中"页码右对齐"复选框,则可以让页码右对齐。在"制表符前导符"列表框中指定标题与页码之间的制表位前导符;在"显示级别"列表框中指定目录中显示的标题层次,键入相应级别数字即可;

如果要改变目录的样式,可以单击"修改"按钮,按更改样式的方法修改相应的目录样式。

如果笔记内容在编制目录后发生了变化,Word 2016可以很方便地对目录进行更新。具体操作步骤是:单击"引用"→"目录"→"更新目录"按钮,打开如图3-38所示"更新目录"对话框,根据需要选择"只更新页码"或"更新整个目录"选项,单击"确定"按钮,即可完成对目录的更新工作。

图3-37 "目录"对话框

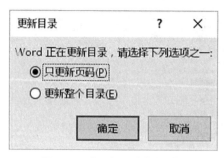

图3-38 "更新目录"对话框

8. 节的设置

在图3-36所示目录中,发现笔记正文的起始页码为7。因为前言和插入的目录需要占用6页,因此正文的起始页码变成了7。但是一般正文的起始页码为1,当然目录的起始页码也应为1,但两者可以用不同的数字格式以示区别。要实现正文和目录的页码格式独立设置,可以利用插入分节符的方法解决。

节是 Word 2016 的一个排版单位,默认情况下,Word 2016 把整个文档视为一个节。分节的主要目的是使在同一个文档中应用不同的页面设置、独立的页码格式或页眉/页脚内容等,给文档排版带来很大的灵活性。通常文档中的目录和正文会设置独立的节,使目录和正文有不同的页码编制方式,如目录采用罗马数字编页,正文由数字 1 开始采用阿拉伯数字编码。

因此,笔记的前言、目录和正文间需要插入分节符。由于每一章的首页总是位于右侧页,即奇数页,因此每章之间也必须插入分节符。插入分节符的具体操作方法如下:

(1)把插入点移到需要分节的位置。

(2)单击"布局"→"页面设置"→"分隔符"按钮,在展开的"分页符和分节符"列表中选择分节符类型,如选中"下一页"单项选择按钮,单击"确定"按钮即可插入分节符。

在"课程学习笔记"的目录和正文分割处插入分节符后,把插入点移到正文中,单击"插入"→"页眉和页脚"→"页码"→"页面底端",展开列表选择一个页码格式,功能区增加"页眉和页脚工具/设计"选项卡,如图 3-39 所示。

图 3-39 "页眉和页脚工具/设计"选项卡

单击"页眉和页脚工具/设计"→"页眉和页脚"→"页码"→"设置页码格式",打开如图 3-40 所示的"页码格式"对话框,在"页码编号"选区选中"起始页码","起始页码"文本框中设为 1;单击"确定"按钮。

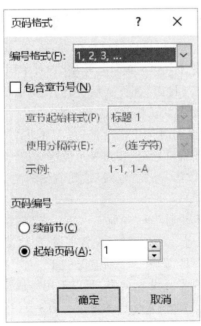

图 3-40 "页码格式"对话框

接着,单击目录左上角的“更新目录”按钮,在“更新目录”对话框中选择“只更新页码”选项,单击“确定”按钮,更新后目录如图3-41所示。

目录

大学信息技术应用基础 1
实训项目小组成员 1
第1章 绪论 1
1.1 信息与信息技术概述 1
1.1.1 信息与信息科学 1
1.1.2 信息技术的分类 1
1.2 信息处理的核心技术 2
1.2.1 微电子技术 2
1.2.2 计算机技术 2
1.2.3 光电子技术 2
1.2.4 通信技术 2
1.3 信息的采集、加工与检索 2
1.3.1 信息的采集 2
1.3.2 信息的加工 2
1.3.3 计算机信息加工 3
1.3.4 信息检索 3
1.4 信息安全 3
1.4.1 信息安全技术 3
1.4.2 计算机信息系统安全 3
1.5 信息产业 4
第2章 计算机组成 5
2.1 计算机的发展与分类 5
2.1.1 计算机的发展 5
2.1.2 计算机的分类 5

图3-41　更新后的目录效果

9. 设置页眉和页脚

奇偶页的页眉可以不同,一般偶数页可显示文档名,奇数页可显示本章标题,且每一章的首页没有页眉。文档的目录和正文部分一般采用不同的页码格式,如目录用罗马数字,正文用阿拉伯数字,并且都从1开始编号。

(1)设置页眉。

①将插入点移至前言页。

②单击“插入”→“页眉和页脚”→“页眉”按钮,展开“页眉”样式列表,选择所需页眉样式。单击“页眉和页脚工具/设计”→“选项”中,选中“首页不同”和“奇偶页不同”的复选框。

③光标自动定位至第1节(封面)首页页眉位置,因为首页不需要页眉,所以不输入任何内容。如果需要删除页眉中有默认横线,具体步骤为:

第一步:选中页眉段落,也同时选中段落标记符,如果没有显示段落标记符,则可单击“开始”→“段落”→“显示/隐藏编辑标记”按钮显示段落标记符。

第二步:单击“开始”→“段落”→“下框线”按钮右侧的向下箭头,在展开框线的样式中选择“无框线”即可取消下边框线。

④单击“页眉和页脚工具/设计”→“导航”→“下一节”按钮,光标自动定位至第2节(实训项目小组成员)首页页眉位置,因为不需要设置页眉,所以不用修改设置。

⑤再单击“页眉和页脚工具/设计”→“导航”→“下一节”按钮,光标自动定位至第3节(目录)首页页眉位置,因为不需要设置页眉,所以不用修改设置。再单击“页眉和页脚工具/设计”→“导航”→“下一节”按钮,光标自动定位至第3节(目录)偶数页页眉位置,输入书名“大学信息技术应用基础实践教程”,并设置为左对齐;同样删除下边框线;单击“插入”→

"插图"→"图片",插入一线条图形,完成设置后的页眉效果如图3-42所示。

入学信息技术应用基础实践教程

图3-42　偶数目录页的页眉效果

⑥单击"页眉和页脚工具/设计"→"导航"→"下一节"按钮,光标自动定位至第3节(目录)奇数页页眉位置,输入页眉"目录",并设置为右对齐;同样删除下边框线;单击"插入"→"插图"→"图片",插入另一线条图形,完成设置后的页眉效果如图3-43所示。

目录

图3-43　奇数目录页的页眉效果

⑦单击"页眉和页脚工具/设计"→"导航"→"下一节"按钮,光标自动定位至第4节(正文-第1章绪论)首页页眉位置,与第3节首页页眉一样不需要设置页眉,所以不用修改设置。

⑧单击"页眉和页脚工具/设计"→"导航"→"下一节"按钮,光标自动定位至第4节(正文-第1章绪论)偶数页页眉位置,与第3节偶数页页眉设置相同,不需要再做任何设置。

⑨单击"页眉和页脚工具/设计"→"导航"→"下一节"按钮,光标自动定位至第4节(正文-第1章绪论)奇数页页眉位置,单击"链接到前一个页眉"按钮,断开与上一节的链接,"与上一节相同"显示消失;删除页眉中的原有文字(即"目录")。单击"页眉和页脚工具/设计"→"插入"→"文档部件"按钮,在弹出的下拉列表中选择"域",打开"域"对话框。在"域"对话框的"类别"列表框中选择"链接和引用"选项,然后在"域名"列表框中选择"StyleRef"域,再在"样式名"列表框中选择"标题1",如图3-44所示,最后单击"确定"按钮。

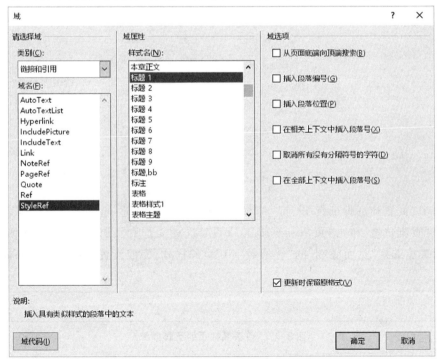

图3-44　"域"对话框

完成设置后的页眉效果如图3-45所示。

第1章 绪论

图3-45　正文(第1章绪论)奇数页页眉

⑩第5节及以后的正文与第4节设置相同,所以不用再修改设置。最后,单击"页眉和页脚工具/设计"→"关闭"→"关闭页眉和页脚"按钮,关闭"页眉和页脚工具/设计"选项卡,完成页眉的设置。

(2)设置页码。

①将插入点移至目录页。

②单击"插入"→"页眉和页脚"→"页码"按钮,在展开的下拉列表中选择"页面底端"的"普通数字3"页码样式。单击"页眉和页脚工具/设计"→"选项"中,选中"首页不同"和"奇偶页不同"的复选框。

③单击"页眉和页脚工具/设计"→"页眉和页脚"→"页码"按钮,在展开的下拉列表中选择"设置页码格式",弹出"页码格式"对话框。

④在"页码格式"对话框的"数字格式"中,选择罗马数字(Ⅰ,Ⅱ,Ⅲ,……),如图3-46所示;在"页码编号"选区选中"起始页码","起始页码"文本框中设为Ⅰ,单击"确定"按钮。

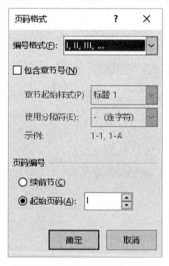

图3-46　"页码格式"对话框

⑤单击"页眉和页脚工具/设计"→"导航"→"下一节"按钮,光标自动定位至第3节(目录)偶数页页脚位置,单击"页眉和页脚工具/设计"→"页眉和页脚"→"页码"按钮,在展开的下拉列表中选择"页面底端"的"普通数字1"页码样式,完成设置后的页脚效果如图3-47所示。

图3-47　目录偶数页的页脚效果

⑥单击"页眉和页脚工具/设计"→"导航"→"下一节"按钮,光标自动定位至第3节(目录)奇数页页脚位置,单击"页眉和页脚工具/设计"→"页眉和页脚"→"页码"按钮,在展开的下拉列表中选择"页面底端"的"普通数字3"页码样式,完成设置后的页脚效果如图3-48所示。

图3-48　目录奇数页的页脚效果

⑦单击"页眉和页脚工具/设计"→"导航"→"下一节"按钮,光标自动定位至第4节(正文-第1章绪论)首页页脚位置,单击"页眉和页脚工具/设计"→"页眉和页脚"→"页码"按钮,在展开的下拉列表中选择"页面底端"的"普通数字3"页码样式。

单击"页眉和页脚工具/设计"→"页眉和页脚"→"页码"按钮,在展开的下拉列表中选择"设置页码格式",弹出"页码格式"对话框,在其"数字格式"中,选择数字(1,2,3,……);在"页码编号"选区选中"起始页码","起始页码"文本框中设为1,单击"确定"按钮。

⑧单击"页眉和页脚工具/设计"→"导航"→"下一节"按钮,光标自动定位至第4节(正文-第1章绪论)偶数页页脚位置,单击"页眉和页脚工具/设计"→"页眉和页脚"→"页码"按钮,在展开的下拉列表中选择"页面底端"的"普通数字2"页码样式,完成设置后的页脚效果如图3-49所示。

图3-49　正文偶数页的页脚效果

⑨单击"页眉和页脚工具/设计"→"导航"→"下一节"按钮,光标自动定位至第4节(正文-第1章绪论)奇数页页脚位置,单击"页眉和页脚工具/设计"→"页眉和页脚"→"页码"按钮,在展开的下拉列表中选择"页面底端"的"普通数字3"页码样式,完成设置后的页脚效果如图3-50所示。

图3-50　正文奇数页的页脚效果

⑩第5节及以后的正文与第4节设置相同,所以不用再修改设置。最后,单击"页眉和页脚工具/设计"→"关闭"→"关闭页眉和页脚"按钮,关闭"页眉和页脚工具/设计"选项卡,完成页码的设置。

至此,整个文档的结构如图3-51所示。

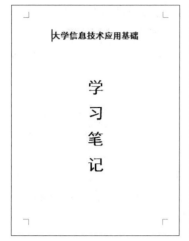

图 3-51　文档的整体结构

10. 修订和批注

在日常工作中,常常遇到多人协作完成一篇文档的情况,如笔记的编辑整理就是一项需要团队协作的工作,笔记必须经过多人的修改和校对。这种多人协作完成文档的情况,使用 Word 2016 提供的批注和修订功能可以大大提高工作效率,同时也增强了文稿处理的准确性。

修订是指显示文档中删除、插入等编辑操作的标记,以标识文档的更改状况。批注是用户对文档的某些内容添加的注释信息。

单击"审阅"→"修订"→"修订"按钮,使按钮呈橘黄色即正处于修订状态下,现在对文档的任何修改都将以修订的形式进行跟踪记录。再次单击"审阅"→"修订"→"修订"按钮,即可关闭修订功能。

为了使修订内容更清晰,可做如下设置:单击"审阅"→"修订"→"显示标记"按钮,在展开的下拉列表中选中"插入和删除",在选择"批注框"中,选中"在批注框中显示修订"。

具体修订和批注的操作方法如下:

114

①修订。如果对文档做如下修改:删去"光电子",增加"传感",文档将增加修订标记,如图3-52所示。其中新插入文字用红色带下划线表示,在文档右侧显示"删除的内容"标记框。

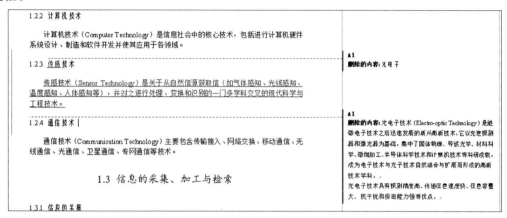

图3-52　文档的修订示例

②插入批注。如对"通信技术"进行注解,单击"审阅"→"批注"→"新建批注"按钮,在批注框输入"通信技术的任务就是要高速度、高质量、准确、及时、安全可靠地传递和交换各种形式的信息",如图3-53所示。

图3-53　文档的批注示例

③接受修订内容。如果要接受修订内容,则先单击修订处选定修订项,接着单击"审阅"→"更改"→"接受"按钮,单击下方的向下箭头可弹出如图3-54所示的下拉列表,选择需要的修订接受方式。

④拒绝修订内容或删除批注。同样,如果要拒绝修订内容或删除批注,则单击"审阅"→"更改"→"拒绝"按钮,单击右侧的向下箭头可弹出如图3-55所示的下拉列表,选择需要的修订拒绝方式或删除批注选项。

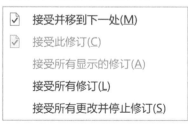

图3-54　"接受"下拉列表

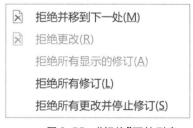

图3-55　"拒绝"下拉列表

11. 打印

文档的单面打印很简单,这里我们介绍双面打印。文档的双面打印既节省纸张,又可以减少打印材料的厚度,其具体操作步骤如下:

①选择菜单"文件"→"打印",单击"单面打印",右侧的向下箭头,在弹出的列表中选择"手动双面打印"。

②单击"打印"按钮开始打印,先打印 1、3、5……等奇数页,奇数页打印完毕后,自动打开如图 3-56 所示的对话框,提醒用户更换打印纸的正反面,并继续打印偶数页文档内容。

图 3-56　提示对话框

③将打印好的奇数页重新放入打印机纸匣,一般应将背面未打印的部分朝向正面。例如,如果打印机纸匣中最上面的纸已打印的页面是第 55 页,则背面将会打印第 56 页,并按照 54、52、50……的顺序打印其他页。

如果整个文档的最后一页的页号为偶数,直接将所有的奇数页放入纸匣;如果是奇数,则应取出已打印好的最后一页纸,并将余下的奇数页放入纸匣,否则将会出现偶数页打印错位。

任务3　撰写课程学习汇报稿

一、任务内容

经过近一个学期的学习,总结本课程学习的收获和心得体会。在课程学习交流会上,利用 PPT 演示文稿,展示你的学习成果和思考,让全班同学和你一起分享喜悦。

二、任务分析

(1)总结回顾本课程的学习,认真梳理一下所有知识和技能,对自己的实际应用能力和存在的不足作一个客观评价。总结可以通过以下几个方面展开:

①介绍一下你的实训项目,展示一下你的作品。

②总结一下你从本课程学习到了什么?

③你认为本课程学习中最难掌握的是什么?

④你对本课程的学习有什么建议?

（2）设计文稿。

①撰写文字稿。

②收集素材。

③制作、设计文档。

三、解决任务步骤

1. 新建文档,保存文档

（1）新建演示文稿。

（2）保存演示文稿（确定文件名及文件存放位置）。

①单击"文件"→"保存"命令,或单击快速访问工具栏的"保存"按钮,双击"这台电脑"按钮,弹出"另存为"对话框。

②在"另存为"对话框的左侧列表中选择"此电脑"下的 D 盘,在右侧列表中双击"实训项目 3"文件夹,然后在"文件名"列表框中输入"我的学习汇报",单击"保存"按钮,把"我的学习汇报"的演示文稿保存在 D 盘的"实训项目 3"文件夹下。

2. 输入和编辑文稿内容

单击幻灯片的标题占位符,输入"我的学习汇报",单击幻灯片的副标题占位符,输入"汇报人　刘月丽",如图 3-57 所示。

单击"开始"→"幻灯片"→"新建幻灯片"按钮,插入"标题和内容"幻灯片,输入文字,如图 3-58 所示。

图 3-57　标题幻灯片

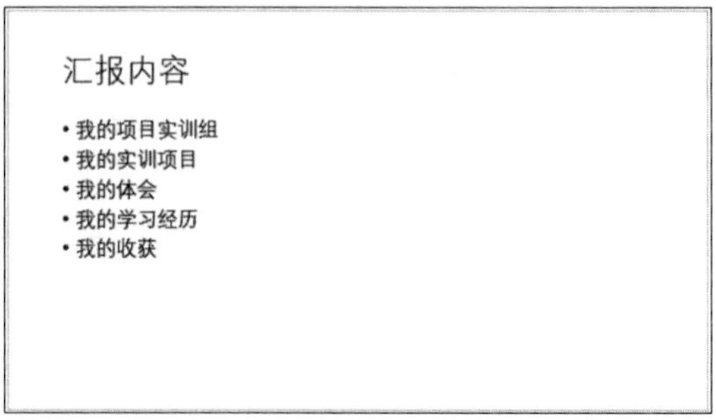

图 3-58　新建"标题和内容"幻灯片

在普通视图模式下,单击"大纲"标签进入大纲模式,单击"开始"→"幻灯片"→"新建幻灯片"按钮,在大纲工作区输入文字,按"Enter"键可插入一张新幻灯片,按"Tab"键可转换为下级标题,输入内容如图3-59所示。

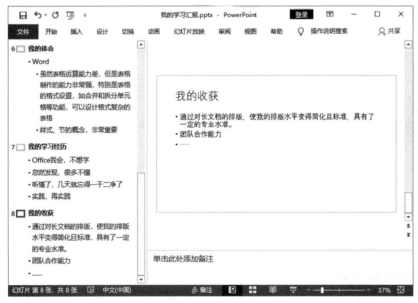

图3-59　在大纲工作区输入幻灯片内容

3. 设置主题

单击"设计"→"主题"→主题列表右下角的"其他"按钮,在展开的内置选项中,单击"环保"主题,标题幻灯片如图3-60所示。

图3-60　应用"环保"主题的标题幻灯片

4. 修改幻灯片母版

如果需要对演示文稿中的所有幻灯片进行统一的样式更改,可以修改幻灯片母版,具体操作如下:

(1)单击第6张幻灯片,单击"视图"→"母版视图"→"幻灯片母版"按钮,进入幻灯片母版视图,如图3-61所示。

图 3-61 幻灯片母版视图

（2）选中母版中的项目符号列表内容，再单击"开始"→"字体"列表框右侧的向下箭头，选择为"微软雅黑"。

（3）单击"开始"→"段落"右下角的对话框启动按钮，打开"段落"对话框，把"间距"选区的"行距"选择为"1.5倍行距"，单击"确定"按钮。

（4）单击列表第1行文字，单击"开始"→"段落"→"项目符号"按钮右侧的向下箭头，打开如图3-62所示的项目符号列表，单击"箭头项目符号"。

（5）单击列表第2行文字，单击"开始"→"段落"→"项目符号"按钮右侧的向下箭头，在打开的项目符号列表中，单击"选中标记项目符号"，母版视图如图3-63所示。

图 3-62 项目符号列表

图3-63 修改设置后的幻灯片母版视图

(6)单击"幻灯片母版"→"关闭"→"关闭母版视图"按钮,修改幻灯片母版后的第6张幻灯片,如图3-64所示。

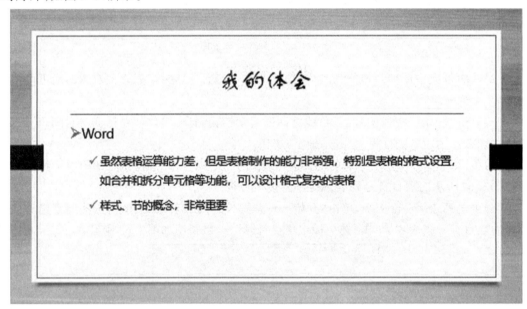

图3-64 修改幻灯片母版后的第6张幻灯片

5. 制作第3张幻灯片

(1)单击第3张幻灯片。

(2)修改幻灯片版式。单击"开始"→"幻灯片"→"版式"按钮,在展开的"Office主题"中选择"两栏内容"版式。

(3)插入图片。单击图3-65所示的幻灯片右侧栏的"插入来自文件的图片"按钮,打开"插入图片"对话框,选中需插入的图片,单击"打开"按钮插入图片,并适当调整图片大小。

(4)将幻灯片文本转换为SmartArt图形。单击如图3-66所示幻灯片左侧栏的项目组成员名单项目符号列表占位符,单击"开始"→"段落"→"转换为SmartArt图形"按钮,可在展开的适合于项目符号列表的SmartArt图形布局中单击选择,若要查看完整的布局集合,可单击下方"其他SmartArt图形"选项,打开"选择SmartArt图形"对话框,选定"垂直图片列表"SmartArt图形布局,单击"确定"按钮,完成幻灯片文本转换为SmartArt图形。

图3-65 修改幻灯片版式后的幻灯片

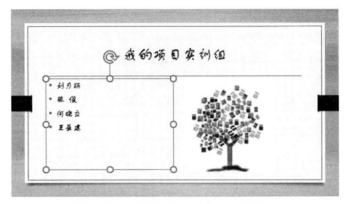

图3-66 修改设置后的幻灯片母版视图

(5)更改SmartArt图形颜色。选中SmartArt图形,单击"SmartArt工具/设计"→"Smart-Art样式"→"更改颜色"按钮,在展开列表中单击"彩色"选区下的"彩色范围-个性色3至4",如图3-67所示。

图3-67 更改SmartArt图形颜色后的幻灯片

121

选中SmartArt图形，单击"开始"→"字体"→"字体"列表框右侧的向下箭头，选择为"微软雅黑"；单击SmartArt图形中的图片占位符，插入相应的人像图片，设置完成的幻灯片效果如图3-68所示。

图3-68　设置完成的第3张幻灯片效果

（6）设置动画。选中幻灯片右侧图形，单击"动画"→"动画"→"动画样式"按钮，在展开列表中单击"进入"选区下的"擦除"动画效果；单击"动画"→"高级动画"→"动画窗格"按钮，应用程序界面右侧打开"动画窗格"；单击"动画窗格"中该项动画右侧向下箭头，在展开如图3-69所示的列表中单击"计时"选项，打开如图3-70所示的"擦除"对话框，单击"期间"文本框右侧向下箭头，在展开的列表中选择"中速（2秒）"。

图3-69　动画设置列表

图3-70　"擦除"对话框

选中SmartArt图形，单击"动画"→"动画"→"动画效果"按钮，在展开列表中单击"进入"选区下的"弹跳"动画效果；单击"动画"→"动画"→"效果选项"按钮下方的向下箭头，在展开"序列"列表中单击"逐个"选项，设置完成后幻灯片设计界面如图3-71所示。

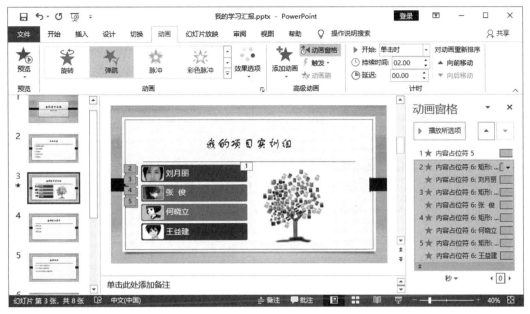

图 3-71 设置幻灯片动画

6. 制作其他幻灯片

与制作第 3 张幻灯片类似,制作其他幻灯片,如图 3-72~图 3-75 所示。

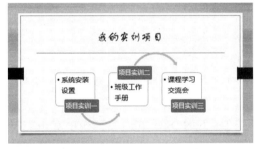

图 3-72 "我的实训项目"幻灯片

图 3-73 "我的体会"幻灯片

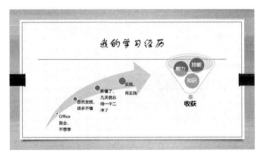

图 3-74 "我的学习经历"幻灯片

图 3-75 "我的收获"幻灯片

任务4 课程学习成绩互评

一、任务内容

课程学习交流会是期末学生展示学习成果和交流学习经验的好方法,通过交流,相互学习,共同提高。课程学习交流会结束后,要求同学们根据各自的学习情况给出课程学习的自评和互评成绩。本任务用Excel工作表计算和统计互评成绩。

二、任务分析

先制作“课程学习成绩互评表”,采集基础数据后,利用Excel数据处理功能,计算出每位同学的课程学习互评成绩。

三、解决任务步骤

1. 新建文档,保存文档

(1)新建工作簿。

(2)保存工作簿(确定文件名及文件存放位置)。

①单击“文件”→“保存”命令,或单击快速访问工具栏的“保存”按钮,双击“这台电脑”,弹出“另存为”对话框。

②在“另存为”对话框的左侧列表中选择“此电脑”下的D盘,在右侧列表中双击“实训项目3”文件夹,然后在“文件名”列表框中输入“课程学习成绩互评表”,单击“保存”按钮,把“课程学习成绩互评表”工作簿保存在D盘的“实训项目3”文件夹下。

2. 制作“课程学习成绩互评表”

(1)制作如图3-76所示的互评表,具体操作步骤如下:

“大学信息技术应用基础”课程学习成绩互评表

评分人	必选实训项目	任选实训项目一	任选实训项目二	汇报情况	合作能力	课堂学习	自主学习	综合评价
自 评								
同组成员一								
同组成员二								
同组成员三								
其他成员一								
其他成员二								
其他成员三								
其他成员四								
其他成员五								
其他成员六								

图3-76 课程学习成绩互评表

①先在Sheet1工作表中输入文本。

②设置标题行:选定单元格区域A1:I1,单击"开始"→"对齐方式"→"合并后居中"按钮;单击"开始"→"字体"→"字体"和"字号"列表框右侧的向下箭头,选择字体为"华文细黑"、字号为"16"。

③设置行距:选定单元格区域A1:I12,单击"开始"→"单元格"→"格式"按钮,在展开列表的"单元格大小"选区单击"行高"选项,在弹出的"行高"对话框中,输入行高"25"。

④设置表头:选定单元格区域A2:I2,单击"开始"→"字体"→"加粗"按钮。

(2)复制互评表。选定Sheet1工作表,单击"开始"→"单元格"→"格式"按钮,在展开列表的"组织工作表"选区单击"移动或复制工作表"选项,打开"移动或复制工作表"对话框,选中"建立副本"复选框,单击"确定"按钮,复制了1张Sheet1(2)工作表。

继续复制8张工作表Sheet1(3)~Sheet1(10)。

(3)重命名互评表。双击Sheet1(10)工作表标签,输入"刘月丽",回车完成Sheet1(10)工作表重命名。同样把Sheet1(2)~Sheet1(9)、Sheet1重命名为每一个学生的名字:张俊、何晓立、王益建、李冰雪、胡晓平、李宇东、马跃建、谢平平和周丽珊,如图3-77所示。

图3-77 10张课程学习成绩互评工作表

3. 制作"课程学习成绩互评总表"

制作互评总表如图3-78所示,并把工作表重命名为"总表"。

图3-78 课程学习成绩互评总表

4. 输入"课程学习成绩互评表"数据

在每个学生的"课程学习成绩互评表"中输入自评、同组成员、其他成员的各项评分,每项评分均采用百分制,输入数据如图3-79所示。

评分人	必选实训项目	任选实训项目一	任选实训项目二	汇报情况	合作能力	课堂学习	自主学习	综合评价
自 评	80	89	78	80	80	70	75	80
同组成员一	62	88	81	80	82	75	68	91
同组成员二	79	65	73	73	67	99	91	98
同组成员三	70	70	71	94	65	72	76	70
其他成员一	70	89	89	80	86	88	83	99
其他成员二	75	75	93	87	46	70	89	70
其他成员三	63	93	80	81	89	68	76	78
其他成员四	62	67	76	81	68	76	88	86
其他成员五	99	70	84	84	87	75	54	93
其他成员六	63	72	75	76	74	80	96	99

图3-79 输入数据后的课程学习成绩互评表

5. 计算"课程学习成绩互评总表"各项成绩数据

设学生的每一项成绩在自评、同组成员互评和其他成员互评中去掉最高分和最低分后的平均值。具体操作步骤如下:

(1)单击"总表"工作表标签选定"总表"工作表。

(2)选定单元格B3,输入如下公式:

=INT((SUM(刘月丽! B3:B12)-MAX(刘月丽! B3:B12)-MIN(刘月丽! B3:B12))/8)

(3)单击选中单元格B3,将鼠标置于该单元格的填充柄,按住左键并向右拖动鼠标到单元格I3,完成公式的填充复制,计算出各项成绩数据,如图3-80所示。

姓名	必选实训项目	任选实训项目一	任选实训项目二	汇报情况	合作能力	课堂学习	自主学习	综合评价	成绩
刘月丽	70	77	79	81	76	75	80	86	
张 俊									
何晓立									
王益建									
李冰雪									
胡晓平									
李宇东									
马跃建									
谢平平									
周丽珊									

图3-80 计算刘月丽的各项成绩数据

（4）选定单元格 B4，输入如下公式：

=INT((SUM('张俊'! B3：B12)-MAX('张俊'! B3：B12)-MIN('张俊'! B3：B12))/8)

（5）单击选中单元格 B4，将鼠标置于该单元格的填充柄，按住左键并向右拖动鼠标到单元格 I4，完成公式的填充复制。

（6）选定单元格 B5，输入如下公式：

=INT((SUM(何晓立! B3：B12)-MAX(何晓立! B3：B12)-MIN(何晓立! B3：B12))/8)

（7）单击选中单元格 B5，将鼠标置于该单元格的填充柄，按住左键并向右拖动鼠标到单元格 I5，完成公式的填充复制。

同样方法，计算出王益建、李冰雪、胡晓平、李宇东、马跃建、谢平平和周丽珊等人的各项成绩数据，如图 3-81 所示。

	A	B	C	D	E	F	G	H	I	J
1	"大学信息技术应用基础"课程学习成绩互评总表									
2	姓名	必选实训项目	任选实训项目一	任选实训项目二	汇报情况	合作能力	课堂学习	自主学习	综合评价	成绩
3	刘月丽	70	77	79	81	76	75	80	86	
4	张 俊	66	74	71	71	65	62	64	71	
5	何晓立	80	83	79	77	79	84	81	85	
6	王益建	90	88	89	90	92	89	91	93	
7	李冰雪	78	77	84	77	81	86	82	79	
8	胡晓平	70	69	67	70	70	71	70	67	
9	李宇东	83	65	76	69	70	80	72	72	
10	马跃建	66	68	63	62	69	62	62	61	
11	谢平平	81	84	86	84	84	87	83	92	
12	周丽珊	68	69	72	77	70	75	69	75	
13										

张 俊　何晓立　王益建　李冰雪　胡晓平　李宇东　马跃建　谢平平　周丽珊　总表

图 3-81　计算出每位学生的各项成绩数据

6. 计算"课程学习成绩互评总表"的成绩

设学生的成绩计算方法为 3 个实训项目和综合评价均各占 15%，其余 4 项均占 10%。具体操作步骤如下：

（1）单击"总表"工作表标签选定"总表"工作表。

（2）选定"成绩"列单元格 J3，输入如下公式：

=INT(B3*0.15+C3*0.15+D3*0.15+E3*0.1+F3*0.1+G3*0.1+H3*0.1+I3*0.15)

（3）单击选中单元格 J3，将鼠标置于该单元格的填充柄，按住左键并向下拖动鼠标到单元格 J12，完成公式的填充复制，计算出每位学生的成绩，如图 3-82 所示。

		"大学信息技术应用基础"课程学习成绩互评总表								
姓名	必选实训项目	任选实训项目一	任选实训项目二	汇报情况	合作能力	课堂学习	自主学习	综合评价	成绩
刘月丽	70	77	79	81	76	75	80	86	78
张 俊	66	74	71	71	65	62	64	71	68
何晓立	80	83	79	77	79	84	81	85	81
王益建	90	88	89	90	92	89	91	93	90
李冰雪	78	77	84	77	81	86	82	79	80
胡晓平	70	69	67	70	70	71	70	67	69
李宇东	83	65	76	69	70	80	72	72	73
马跃建	66	68	63	62	69	62	62	61	64
谢平平	81	84	86	84	84	87	83	92	85
周丽珊	68	69	72	77	70	75	69	75	71

‹ › … 张 俊 | 何晓立 | 王益建 | 李冰雪 | 胡晓平 | 李宇东 | 马跃建 | 谢平平 | 周丽珊 | 总表 ⊕

图3-82 计算出每位学生的成绩

7. 把70以下的成绩标记为红色粗体

(1)单击"总表"工作表标签选定"总表"工作表。

(2)选定单元格区域A3:I12。

(3)单击"开始"→"样式"→"条件格式"按钮,单击展开列表中"突出显示单元格规则"下的"小于"选项,打开"小于"对话框,在小于值文本框中输入"70",单击"设置为"文本框右侧的向下箭头,在打开的下拉列表中单击"自定义格式",在弹出的"设置单元格格式"对话框中设置"颜色"为"红色","字形"为"加粗、倾斜","下划线"为"双下划线",单击"确定"按钮,返回"小于"对话框,单击"确定"按钮,把70以下的成绩标记为红色粗体,如图3-83所示。

		"大学信息技术应用基础"课程学习成绩互评总表								
姓名	必选实训项目	任选实训项目一	任选实训项目二	汇报情况	合作能力	课堂学习	自主学习	综合评价	成绩
王益建	90	88	89	90	92	89	91	93	90
谢平平	81	84	86	84	84	87	83	92	85
何晓立	80	83	79	77	79	84	81	85	81
李冰雪	78	77	84	77	81	86	82	79	80
刘月丽	70	77	79	81	76	75	80	86	78
李宇东	83	*65*	76	*69*	70	80	72	72	73
周丽珊	*68*	*69*	72	77	70	75	*69*	75	71
胡晓平	70	*69*	*67*	70	70	71	70	*67*	*69*
张 俊	*66*	74	71	71	*65*	*62*	*64*	71	*68*
马跃建	*66*	68	*63*	*62*	*69*	*62*	*62*	*61*	64

‹ › … 张 俊 | 何晓立 | 王益建 | 李冰雪 | 胡晓平 | 李宇东 | 马跃建 | 谢平平 | 周丽珊 | 总表 ⊕

图3-83 把70以下的成绩标记为红色粗体后的工作表

8. 按成绩从高到低排序

（1）单击"总表"工作表标签选定"总表"工作表。

（2）单击单元格区域J3:J12内任一单元格。

（3）单击"开始"→"编辑"→"排序和筛选"按钮下方的向下箭头，单击展开列表中"降序"选项，完成按成绩从高到低的排序，如图3-84所示。

姓名	必选实训项目	任选实训项目一	任选实训项目二	汇报情况	合作能力	课堂学习	自主学习	综合评价	成绩
王益建	90	88	89	90	92	89	91	93	90
谢平平	81	84	86	84	84	87	83	92	85
何晓立	80	83	79	77	79	84	81	85	81
李冰雪	78	77	84	77	81	86	82	79	80
刘月丽	70	77	79	81	76	75	80	86	78
李宇东	83	65	76	69	70	80	72	72	73
周丽珊	68	69	72	77	70	75	69	75	71
胡晓平	70	69	67	70	70	71	70	67	69
张 俊	66	74	71	71	65	62	64	71	68
马跃建	66	68	63	62	69	62	62	61	64

（"大学信息技术应用基础"课程学习成绩互评总表）

图3-84 按成绩从高到低排序后的工作表

项目小结

本项目以组织一次"大学信息技术应用基础"课程学习交流会为核心，把项目活动分解为制订课程实训学习计划、整理课堂学习笔记、撰写课程学习汇报稿、课程学习成绩互评四个小任务。项目涉及Word、Excel、PowerPoint应用软件的实际应用，如Word的表格制作、长文档编辑排版，Excel的公式、函数和排序，PowerPoint的主题、母版、SmartArt图形等实用功能。

项目练习

通过实训项目示例的操作练习，根据自己学习"大学信息技术应用基础"课程实际学习情况，制作自己的课程实训学习计划、课堂学习笔记、课程学习汇报稿等文档。

实训项目四　调查分析工作

本章要点

★ 调查问卷设计

★ 调查数据汇总

★ 调查数据统计与分析

★ 调查结果汇报

项目描述

调查研究是认识事物的一种常用方法,它要求人们通过对事物进行观察、实验、访谈和问卷等方法获取事物的相关信息,经过抽象、概括、整理、归纳、升华等科学分析处理,从而认识事物的本质。

本项目以"推进教育数字化,构建全民终身学习体系的理论与实践研究"课题研究的调查为例,全面掌握居民对终身学习的意向与现状,了解居民对学习型社会、学习型大国的认识,对自身学习现状及对学习资源、环境的评价,以及对参与终身学习的学习需求和意愿,从而反映出当前社会终身学习的现状和民众对终身教育发展的期待。

通过调查为课题提供研究依据,为构建全民终身学习体系提供实证的基础,也希望能为推进终身教育的路径和机制提供决策的基础。

本项目主要包括设计调查问卷、汇总调查数据、数据统计与分析、汇报调查结果四个任务。项目将完成如图 4-1～图 4-4 所示的主要文档的制作。

130

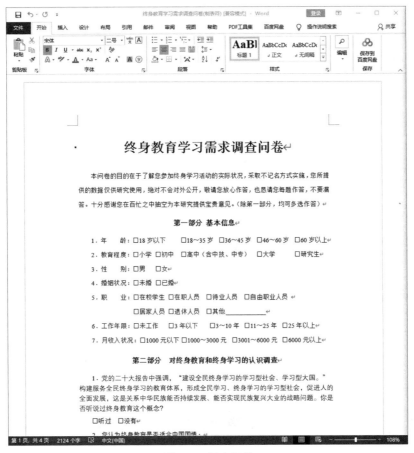

图 4-1 调查问卷

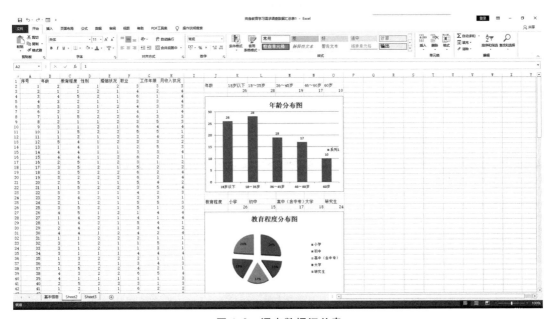

图 4-2 调查数据汇总表

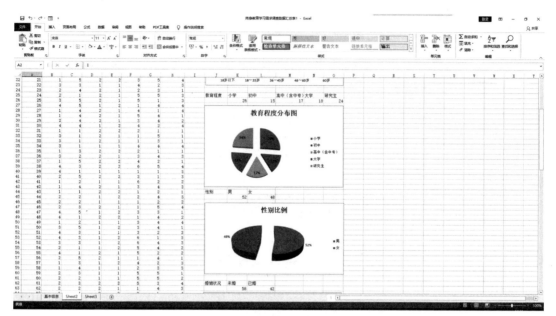

图4-3 数据统计与分析

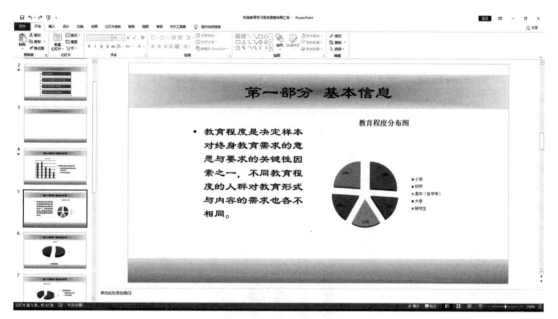

图4-4 汇报调查结果

项目目标

通过本项目活动的实践操作,综合运用 Word 文字编辑排版、Excel 表格数据处理、Power-Point 演示文档制作等应用软件的基本操作技能,在实际任务的完成过程中激发学习热情和兴趣,同时培养学生自主学习能力。

● 本项目建议由2～4人组成实训学习小组,相互协作学习,利用讨论、交流等形式解决学习中的疑难问题。

● 认真完成项目实训任务,把所学知识真正应用到实际中,以达到学以致用的学习目标。

任务1　调查问卷设计

一、任务内容

根据设计好的调查题目和调查内容,制作一份调查问卷文档。

二、任务分析

调查问卷又称调查表或询问表,是以问题的形式系统地记载调查内容的一种印件。设计问卷,是询问调查的关键。

调查问卷的结构一般包括三个部分:前言、正文和结束语。

前言:首先是问候语,并向被调查对象简要说明调查的宗旨、目的和对问题回答的要求等内容,引起被调查者的兴趣,同时解除他们回答问题的顾虑,并请求当事人予以协助。

正文:该部分是问卷的主体部分,主要包括被调查者信息、调查项目等几部分。

结束语:简短地向被调查者强调本次调查活动的重要性以及再次表达谢意。

本次调查问卷的正文分为四部分,包括基本信息、对终身教育和终身学习的认识调查、学习环境和学习需求调查、参与终身学习活动意愿调查。每部分都设计一定量的题目,在本实训项目中以问卷的第一部分作为实训内容进行练习。文档具体内容如图4-5所示。

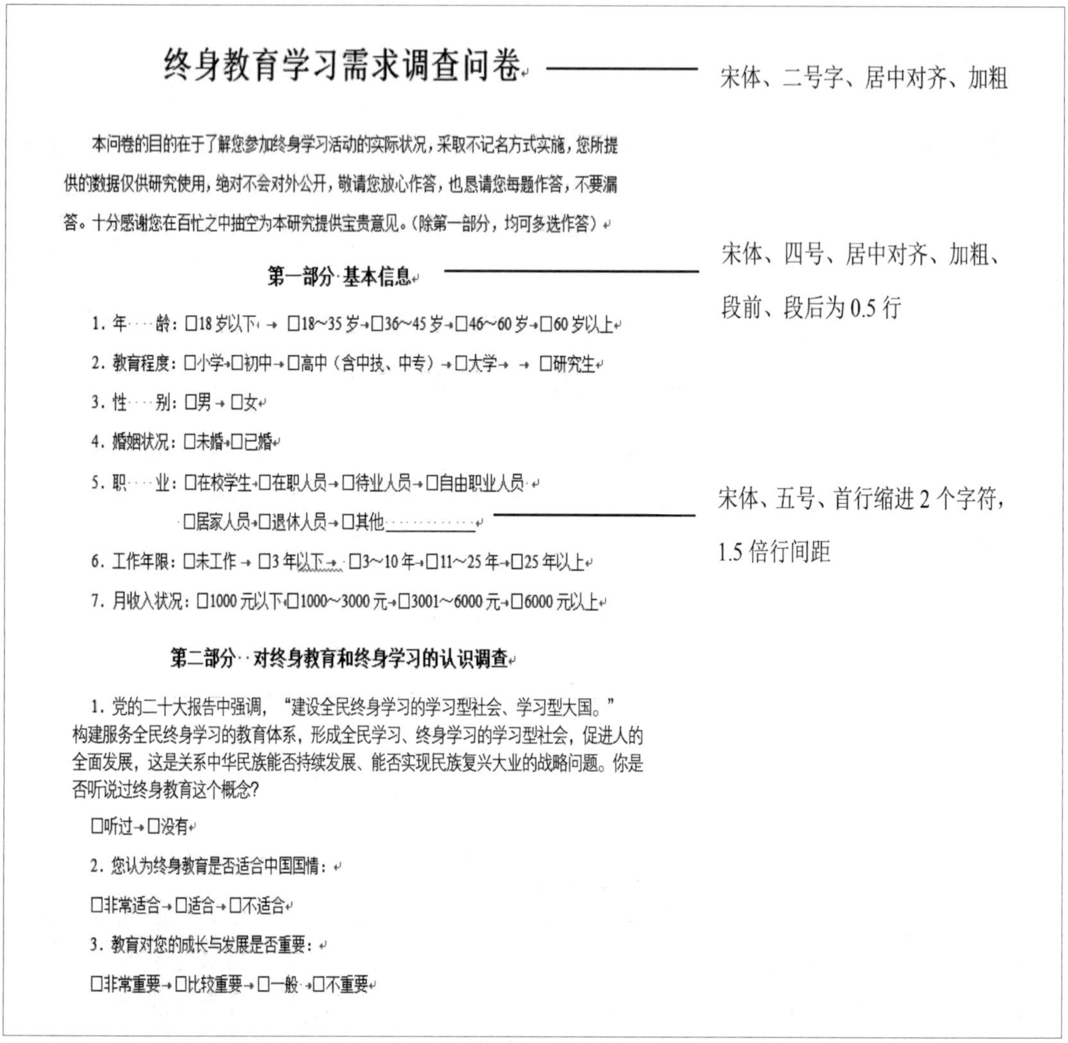

终身教育学习需求调查问卷 —————— 宋体、二号字、居中对齐、加粗

本问卷的目的在于了解您参加终身学习活动的实际状况,采取不记名方式实施,您所提供的数据仅供研究使用,绝对不会对外公开,敬请您放心作答,也恳请您每题作答,不要漏答。十分感谢您在百忙之中抽空为本研究提供宝贵意见。(除第一部分,均可多选作答)

第一部分·基本信息 —————— 宋体、四号、居中对齐、加粗、段前、段后为 0.5 行

1. 年……龄:□18 岁以下 →□18~35 岁→□36~45 岁→□46~60 岁→□60 岁以上

2. 教育程度:□小学→□初中→□高中(含中技、中专)→□大学 → □研究生

3. 性……别:□男 →□女

4. 婚姻状况:□未婚→□已婚

5. 职……业:□在校学生→□在职人员→□待业人员→□自由职业人员

　　　　　□居家人员→□退休人员→□其他————— 宋体、五号、首行缩进 2 个字符,

6. 工作年限:□未工作 →□3 年以下→□3~10 年→□11~25 年→□25 年以上　1.5 倍行间距

7. 月收入状况:□1000 元以下→□1000~3000 元→□3001~6000 元→□6000 元以上

第二部分·对终身教育和终身学习的认识调查

1. 党的二十大报告中强调,"建设全民终身学习的学习型社会、学习型大国。"构建服务全民终身学习的教育体系,形成全民学习、终身学习的学习型社会,促进人的全面发展,这是关系中华民族能否持续发展、能否实现民族复兴大业的战略问题。你是否听说过终身教育这个概念?

□听过→□没有

2. 您认为终身教育是否适合中国国情:

□非常适合→□适合→□不适合

3. 教育对您的成长与发展是否重要:

□非常重要→□比较重要→□一般 →□不重要

图 4-5　终身教育学习需求调查问卷

三、解决任务步骤

1. 新建文档,保存文档

打开文字处理软件 Word,新建文档并保存在 D 盘的"项目实训 4"文件夹内,文档名称为"终身教育学习需求调查问卷",完成文档的保存。

2. 输入正文内容并排版

打开文件,按照如图 4-5 所示的内容输入样文内容。利用 Word 中的格式工具将大标题文本设置成宋体、二号字、居中对齐、加粗。小标题文本设置成宋体、四号、居中对齐、加粗,并将段落设置段前、段后为 0.5 行。正文均为宋体、五号,并将各段落设置首行缩进 2 个字符,1.5 倍行间距。各备选选项之间使用 Tab 键插入制表符对齐文本。

3. 保存文件

单击"保存"按钮完成调查问卷的制作。

任务2　调查数据汇总

一、任务内容

根据收回来的问卷,输入并汇总调查问卷数据,制作一份汇总调查数据表。

二、任务分析

调查问卷数据录入是一项非常烦琐却十分重要的工作,一方面校正调查人员疏忽导致的错误,另一方面要保证录入过程不能出现二次错误。数据录入的格式一般按照之前设计好的调查问卷编码列表,逐个记录一次录入较好。

录入调查问卷数据需要注意几个问题:

(1)录入数据前要对每张问卷进行编号,方便录入后问卷答卷的备查,也方便对数据排序、统计分析后返回到原始录入的状态。

(2)录入时将问题的答案按顺序替换为123456等数字,以方便数据录入。

(3)当问卷数量比较多的时候,将第一行冻结起来,录入时依然可看到各个字段名,减少出错。

三、解决任务步骤

1. 新建工作簿,保存文档

打开数据处理软件Excel,新建工作簿并保存在D盘的"项目实训4"文件夹内,工作簿名称为"终身教育学习需求调查数据汇总表",完成工作簿的保存。

2. 制定表头,更改表名

(1)在表格第一行输入序号及调查问卷的"第一部分　基本信息"的问卷题目,如图4-6所示。

(2)在Sheet1上单击鼠标右键,在弹出的工作表操作菜单中选择"重命名",如图4-7。更改表名为"基本信息"。

图 4-6 数据汇总表表头

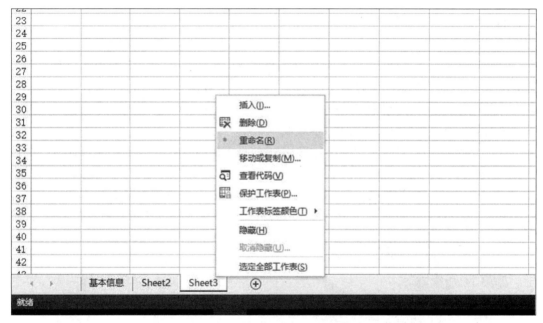

图 4-7 工作表操作菜单

3. 利用记录单,录入数据

除了直接在单元格中输入数据外,可以使用记录单输入,相比直接输入更加方便快捷。记录单相当于一个数据库,由行(记录)和列(字段)组成。工作表(或单元格区域)中的一列是一个字段,一行是一条记录。利用记录单可以方便地在大型工作表中添加、编辑、查找和浏览数据记录。

(1)Excel 2016默认隐藏了记录单功能,要手动打开才可以使用。在工作簿左上角单击"自定义快速访问工具栏"按钮,在弹出的菜单中选择"其他命令",如图4-8所示。

(2)在打开"Excel选项"对话框的"从下列位置选择命令"下拉框中选择"所有命令",在下方的命令列表中选中"记录单",如图4-9所示。

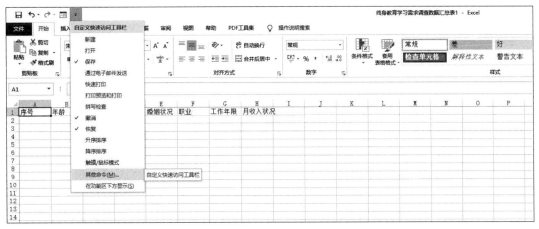

图 4-8　自定义快速访问工具栏下拉菜单

图 4-9　"Excel选项"对话框

（3）单击"添加（A）"按钮，"记录单"命令就移到左边的命令列表框中，单击"确定"按钮，完成将"记录单"命令添加到"自定义访问工具栏"中，如图4-10所示。

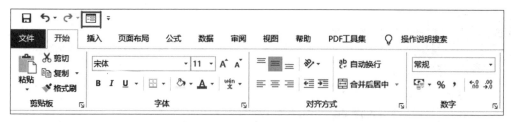

图 4-10 "自定义访问"工具栏

(4)将光标定位在 A1:H1 单元格区域中的任一单元格,然后在"自定义访问工具栏"中单击"记录单"图标按钮,打开"记录单"窗口,如图 4-11 所示。

图 4-11 "记录单"窗口

(5)在记录单窗口相应字段中输入问卷答案,单击"新建"按钮,完成一份问卷的输入。

(6)当问卷数量比较多的时候,将第一行冻结起来,单击"视图"→"窗口"→"冻结窗格",在下拉列表中选择"冻结首行",如图 4-12 所示。

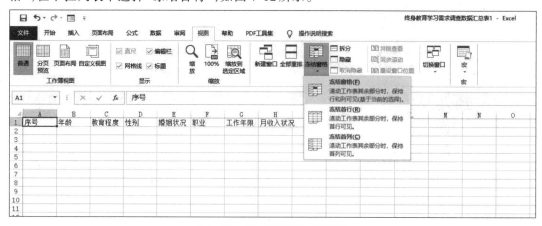

图 4-12 "冻结窗格"下拉菜单

(7)此时录入时依然可看到各个字段名,如图 4-13 所示。继续使用记录单,完成所有问卷数据的输入。

	A	B	C	D	E	F	G	H	I
1	序号	年龄	教育程度	性别	婚姻状况	职业	工作年限	月收入状况	
2	1	2	2	1	2	3	3	3	
3	2	1	1	2	1	4	2	4	
4	3	4	5	2	1	6	1	4	
5	4	3	2	1	1	3	3	4	
6	5	3	3	1	2	4	3	3	
7	6	2	2	2	1	4	1	4	
8	7	1	5	2	2	6	3	3	
9	8	2	1	1	2	3	5	3	
10	9	3	1	2	1	6	4	4	
11	10	1	5	2	2	5	5	1	
12	11	1	2	1	2	2	4	2	
13	12	5	4	1	2	3	3	2	
14	13	1	4	1	1	2	5	3	
15	14	4	4	1	1	3	3	4	
16	15	4	4	1	2	6	2	1	
17	16	2	5	1	2	3	1	2	
18	17	3	5	2	1	5	2	2	
19	18	3	5	2	2	6	2	4	
20	19	3	2	2	2	6	2	4	
21	20	2	5	1	1	5	4	2	
22	21	1	5	2	2	3	5	4	
23	22	3	3	1	1	4	2	3	
24	23	2	4	2	1	2	3	1	
25	24	2	1	2	1	5	5	3	
26	25	3	5	2	1	5	1	3	
27	26	4	5		2	1	4	4	

图 4-13　冻结第一行的效果

任务3　调查数据的统计和分析

一、任务内容

根据输入的调查问卷数据，统计结果，并进行初步数据分析。

二、任务分析

首先利用COUNTIF函数统计对每个调查问卷题目统计结果，COUNTIF函数的主要功能是对指定区域中符合指定条件的单元格进行计数。

接着对统计结果数据使用图表直观展示出来，使数据的比较或趋势变得一目了然，从而更容易表达观点。一般运用柱形图比较数据间的多少关系，比如年龄、教育程度、工作年限、月收入状况。用饼图表现数据间的比例分配关系，比如性别、婚姻状况。

三、解决任务步骤

1. 统计"年龄"选项的调查结果

（1）打开"终身教育学习需求调查数据汇总表"，在 J2∶O2 单元格区域中分别输入"年龄""18岁以下""18～35岁""36～45岁""46～60岁""60岁以上"。

（2）在 K3 单元格中统计"18岁以下"的人数，将光标单击 K3 单元格，单击"公式"→"插入函数"，弹出"插入函数"对话框，如图 4-14 所示。

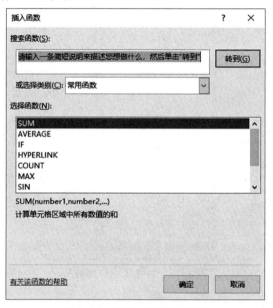

图 4-14 "插入函数"对话框

（3）在"插入函数"对话框的"选择类别"下拉框中选择"统计"，在"选择函数"列表框中选择 COUNTIF 函数，弹出"函数参数"对话框，如图 4-15 所示。

图 4-15 "函数参数"对话框

（4）在"函数参数"对话框中的 Range 文本框中选择 B2∶B101 区域，Criteria 文本框中输入"1"，单击"确定"按钮，完成"18岁以下"的人数统计。

（5）在L3单元格中按上述步骤，在"函数参数"对话框中Criteria文本框中输入"2"，单击"确定"按钮，完成"18～35岁"的人数统计。

（6）同上述步骤，在M3、N3、O3单元格分别完成"36～45岁""46～60岁""60岁以上"的人数统计，如图4-16所示。

J	K	L	M	N	O
年龄	18岁以下	18～35岁	36～45岁	46～60岁	60岁以上
	26	28	19	17	10

图4-16　人数统计结果

2. 分析"年龄"选项的统计结果

（1）选择K2∶O3单元格区域，单击"插入"→"图表"→"柱形图"，在下拉列表中出现所有柱形图表的类型，如图4-17所示。

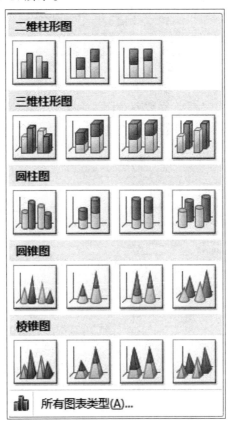

图4-17　"柱形图"下拉列表

（2）在柱形图表的类型中选择二维柱形图中的"簇状柱形图"，初步完成图表的制作，如图4-18所示。

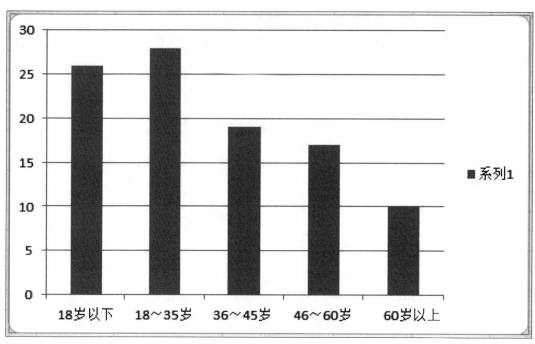

图 4-18　簇状柱形图

（3）优化图表内容，选中图表，单击"设计"→"图表布局"→"快速布局"，选择布局样式，如图 4-19 所示，在图表标题中输入"年龄分布图"。

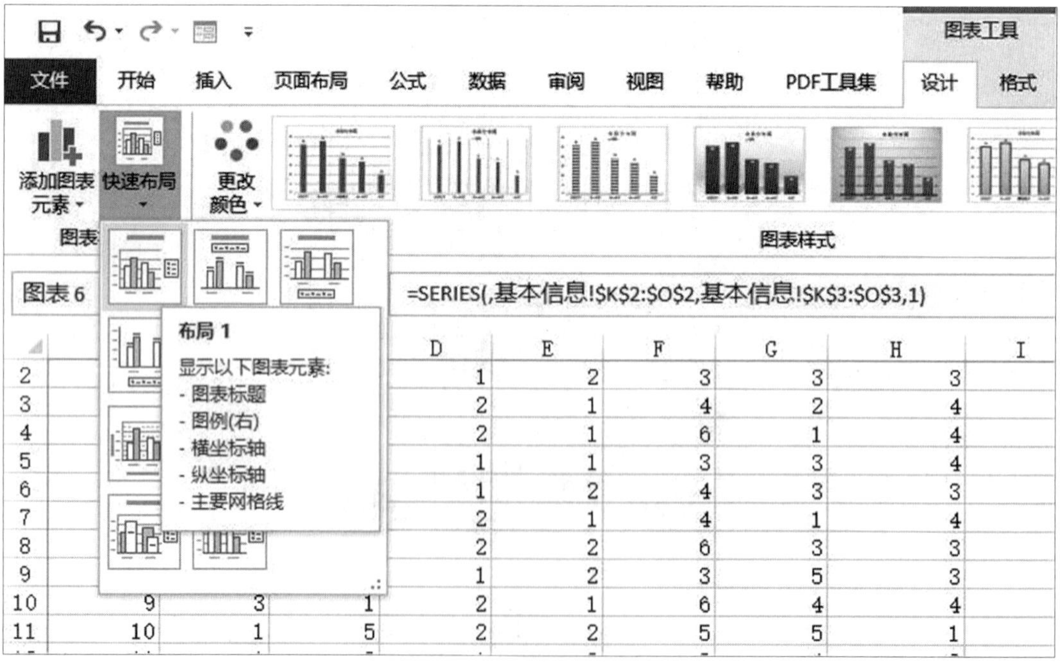

图 4-19　图表标题

（4）单击"设计"→"图标布局"→"添加图表元素"→"图例"→"无"，如图 4-20 所示，关闭图例。

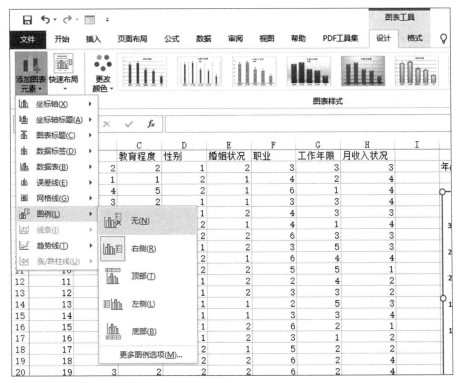

图 4-20　"图例"下拉列表

（5）单击"设计"→"图标布局"→"添加图表元素"→"数据标签"→"数据标签外"，如图 4-21 所示，在各柱形中显示数据增强图表的可读性。

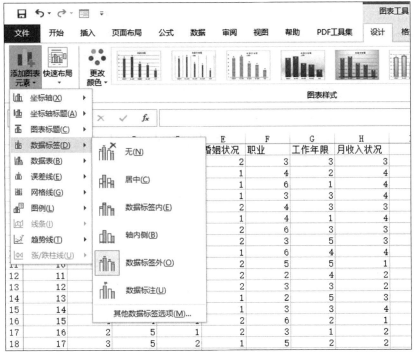

图 4-21　"数据标签"下拉列表

（6）调整移动图表至 J5：O22 单元格区域，完成年龄选项的统计分析。

3. 分析"教育程度"选项的统计结果

（1）在 J25：O26 单元格区域内完成"教育程度"选项的统计结果。

（2）选择 K25：O26 单元格区域，单击"插入"→"图表"→"饼图"→"三维饼图"，初步完成图表的制作，如图 4-22 所示。

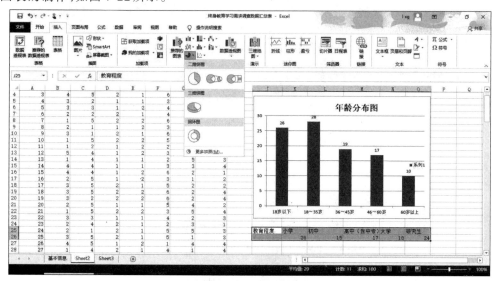

图 4-22　三维饼图

（3）选中图表，单击"设计"→"图标布局"→"添加图表元素"→"图表标题"→"图表上方"，将图表标题置于图表上方，在图表标题中输入"教育程度分布图"。

（4）单击"设计"→"图标布局"→"添加图表元素"→"数据标签"→"其他数据标签选项"，如图 4-23 所示，弹出"设置图表区格式"对话框。

图 4-23　"数据标签"下拉列表

（5）在"设置图表区格式"对话框（图4-24）的"标签包括"复选框中选择"百分比"和"显示引导线"，"标签位置"复选框中选择"最佳匹配"，单击"关闭"按钮完成"教育程度"选项的

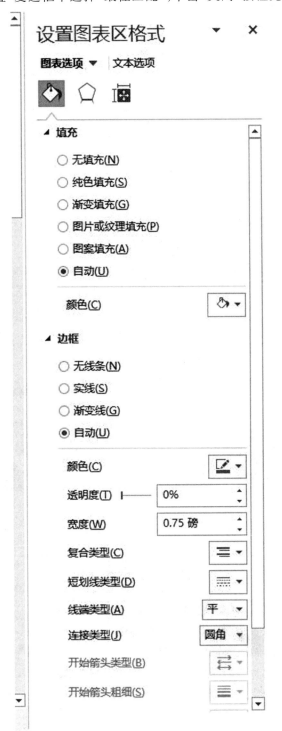

图4-24　"设置图表区格式"对话框

统计分析,如图4-25所示。

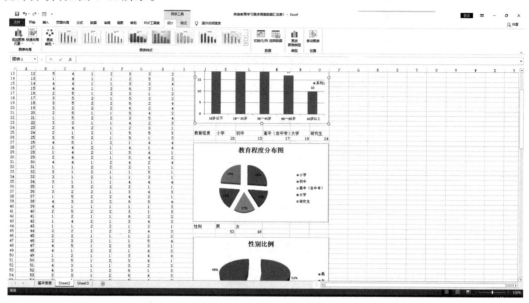

图4-25　教育程度分布图

4.其他选项的统计与分析

按照"年龄"选项和"教育程度"选项,分别完成其他选项的统计分析。如图4-26~图4-30所示。

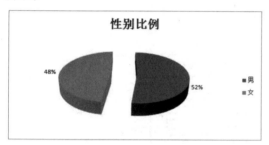

图4-26　性别比例图

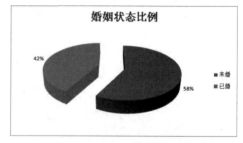

图4-27　婚姻状态比例图

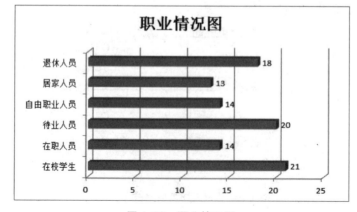

图4-28　职业情况图

146

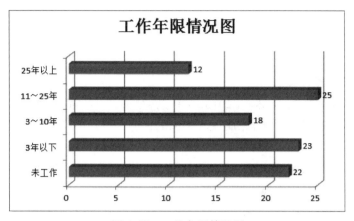

图 4-29　工作年限情况图

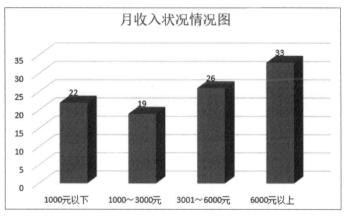

图 4-30　月收入状况情况图

任务4　调查结果汇报

一、任务内容

根据调查数据分析,制作一份汇报用的演示文稿。

二、任务分析

将调查中收集到的数据和材料进行系统整理,并分析研究,以演示文稿的形式向课题组汇报调查情况。

三、解决任务步骤

1.新建工作簿,保存文档

打开演示文稿软件 PowerPoint 2016,在 D 盘的"项目实训 4"文件夹内保存名称为"终身教育学习需求调查结果汇报",完成演示文稿的保存。

2.母版制作

(1)演示文稿中每张幻灯片的整体风格一般都需要保持一致、和谐统一。单击"视图"选项卡,在"母版视图"选项组中单击"母版视图"按钮,打开"Office 主题幻灯片母版"。在 PowerPoint 2016 中自带了一个幻灯片母版,这个母版包括 11 个版式。选择"主题幻灯片母版",分别插入如图 4-31 位置所示两个矩形。

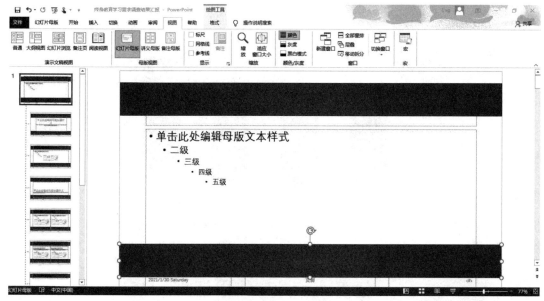

图 4-31 插入两个矩形

(2)分别设置两个矩形的形状格式。右击上面的矩形,选择"设置形状格式",在打开的"设置形状格式"对话框中选择"填充"→"渐变填充","预设颜色"选择"雨后初晴","类型(Y)"选择"路径"。在"渐变光圈"的"停止点 4"的颜色设置为"白色",如图 4-32 所示。选择"线条颜色"→"无颜色",如图 4-33 所示。单击"关闭"按钮,右击上面的矩形,选择"置于底层"→"置于底层"完成设置。

右击下面的矩形,选择"设置形状格式",在打开的"设置形状格式"对话框中选择"填充"→"渐变填充","预设颜色"选择"雨后初晴","类型(Y)"选择"线性","角度"设置为"270°"。在"渐变光圈"的"停止点 4"的颜色设置为"白色",选择"线条颜色"→"无颜色",单击"关闭"按钮,完成下面矩形的设置。

图 4-32 "填充"选项

图 4-33 "线条颜色"选项

(3)设置母版标题样式的字体设置为"隶书",字号为"44"号,颜色为"黑色";母版文本样式的字体设置为"楷体",字号为"32"号,颜色为"黑色"并去掉项目符号;第二级文本样式的字体设置为"楷体",字号为"24"号,颜色为"黑色"。

至此完成幻灯片母版的制作,效果如图4-34所示。

图 4-34 幻灯片母版

3. 首页制作

(1)单击"视图"选项卡,在"演示文稿视图"选项组中单击"普通"返回到普通视图。

(2)在主标题文本框中输入"终身教育学习需求调查结果"并设置合适的字体和大小,在副标题文本框中输入文字"课题组"并设置合适的字体和大小,效果如图4-35所示,完成首页的制作。

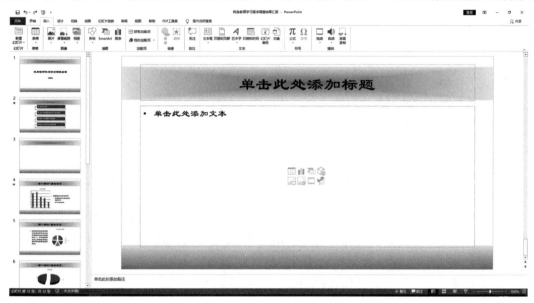

图4-35　首页

4. 目录页制作

(1)单击"开始"→"新建幻灯片"下拉按钮,选择"空白幻灯片"新建一张幻灯片,单击"插入"→"SmartArt图形",在弹出的"选择SmartArt图形"对话框中选择"垂直框列表",如图4-36所示。

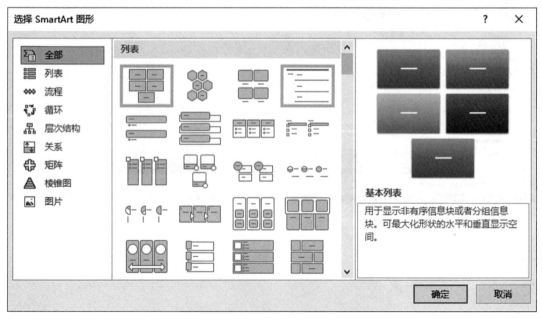

图4-36　"选择SmartArt图形"对话框

（2）默认的垂直框列表有3个框，在文本框处分别输入"第一部分　基本信息""第二部分　对终身教育和终身学习的认识调查""第三部分　学习环境和学习需求调查"，如图4-37所示。根据汇报的演示文稿制作的框架需要再制作一个列表框。

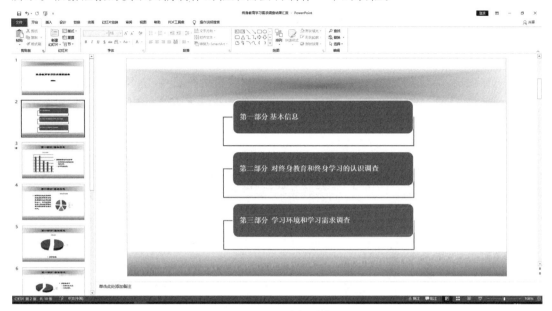

图4-37　垂直框列表

（3）右击SmartArt图形选择"组合"→"取消组合"，直至所有框图的组合取消。然后选中其中一个列表框，复制一个相同的文本框作为第4个文本框，输入文字"第四部分 参与终身学习活动意愿调查"并移至最后。选中所有框图，重新组合并移动到合适位置和调整到合适的大小，如图4-38所示。

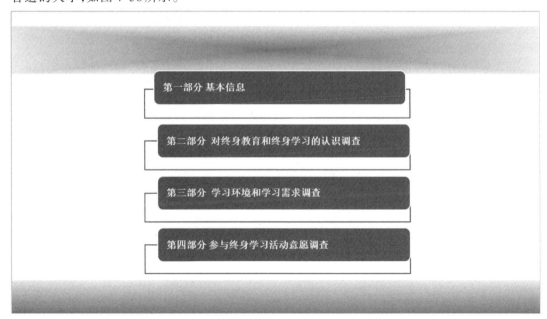

图4-38　目录

5. 基本信息的页面制作

基本信息共有7个选项,相应有7张幻灯片,每张幻灯片设计的风格都是图文并茂,用图片来展示各调查统计结果,用文本来描述统计后分析出来的结果。以第1张幻灯片年龄分布图制作为例,其他几张幻灯片的制作过程类似,不再重复讲述,具体的制作步骤如下:

(1)单击"开始"→"新建幻灯片"下拉按钮,选择"两栏内容"版式新建一张幻灯片,在标题文本框中输入文字"第一部分 基本信息"。

(2)将 Excel 中制作完成的"年龄分布图"复制到左边的栏目中,并移动到合适位置。

(3)在右边的栏目中输入文字,设置文字字体,然后将文本框移动到合适位置,如图4-39所示。

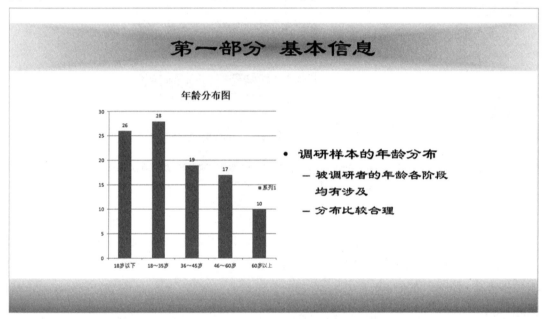

图4-39 年龄分布情况页面

(4)设置幻灯片的动画效果,单击"动画"选项卡,选中其中的图片,在"动画"组中的"动画样式"中选择"缩放"。选择该图片对象,在"高级动画"组中单击"动画刷"按钮选择动画刷,使用"动画刷"单击幻灯片中的文本框,则动画效果将复制给其他对象。单击"动画窗格",可以调整幻灯片中图片与文本框的动画顺序,按照"图片→文本框"的顺序设置,如图4-40所示。

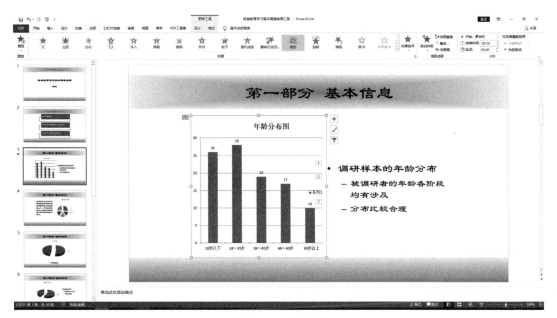

图 4-40　动画窗格

（5）其他几张幻灯片的效果如图 4-41 所示。

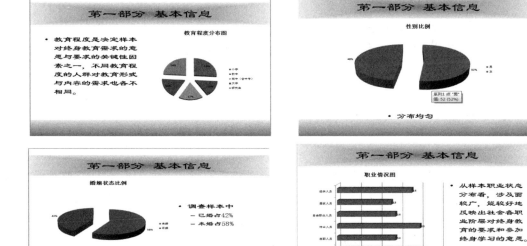

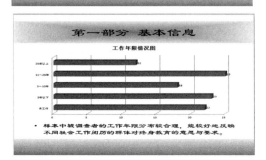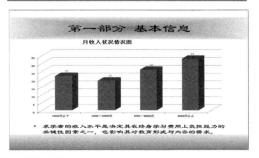

图 4-41　其他页面效果图

6.结束页制作

（1）单击"开始"→"新建幻灯片"下拉按钮,选择"标题幻灯片",新建一张幻灯片。

（2）在主标题文本框中输入文字"谢谢!",在副标题文本框中输入文字"不当之处请指正",如图4-42所示。

图4-42 结束页

7.切换效果的设置

设置全文的切换效果,具体的制作步骤如下:单击"切换",在切换样式中选择"翻转",并单击"全部应用"按钮,观看放映效果,对于不合适的地方进行修改,完成演示文稿的全部制作。

 项目小结

本项目是结合课题研究,对居民的终身学习的意向与现状进行调查,将整个项目分解成"调查问卷设计""调查数据汇总""调查数据统计与分析""调查结果汇报"4个涉及调查统计分析的具体任务,涵盖了一个真实任务的所有过程和内容。因此,学生学习了实训项目四,在具体实践项目的锻炼后,将培养学生将所学和所用结合,将工作中所用到的办公技能进行专项训练,为学生可持续发展奠定了良好的基础。

 项目练习

通过实训项目示例的操作练习,对班级所有学生的基本情况进行调查,设计调查表,统计调查数据并进行分析,最后制作一个汇报的演示文稿。

实训项目五　会议筹备工作

本章要点

★ 会议通知

★ 专家邀请函

★ 日程安排

★ 会议预算

★ 会议资料

★ 设计并打印桌签

★ 会议资料邮件分发

 项目描述

　　在日常工作中,经常会遇到会议筹备和组织任务。一般的正式会议,如政府组织的会议、高校科研院所组织的学术会议、企业组织召开的商务会议等,如何提高会议组织效率?细化流程、分工协作非常关键。组织会议通常需要起草通知、专家邀请函,做会议预算、会议日程安排,整理会议报告等常规工作,本实训项目综合运用Word、Excel、PowerPoint、Outlook等软件来完成会议的筹备任务,以组织召开"中国开放大学远程实验学术论坛"为例,具体任务分解如下:

　　(1)起草会议通知。

　　(2)拟定日程安排。

　　(3)拟定专家邀请函。

　　(4)整理会议资料。

　　(5)做好会议预算。

　　(6)设计并打印桌签。

　　(7)通过邮件分发会议资料。

项目目标

通过本项目活动的实践操作,能熟悉会务流程,掌握会务工作中常见文档的设计与制作。经过实际项目的演练,把 Word 文字编辑排版、Excel 表格数据处理、Outlook 邮件处理等的基本技能应用到实际任务中,从而提高解决实际问题的能力。

学习建议

● 本项目涉及内容较多,应用性强,建议带着项目实训任务有目的地进行学习,遇到的问题应及时解决。

● 本项目建议由 4~6 人组成实训学习小组,相互协作学习,运用讨论、交流等形式解决学习中的疑难问题。

● 认真完成项目实训任务,把所学知识真正应用到实际中,以达到学以致用的学习目标。

任务1　起草会议通知

一、任务内容

学校计划 2020 年 12 月在浙江杭州举办"中国开放大学远程实验学术论坛",根据会议举办的时间、地点、嘉宾、主办单位和承办单位以及会议的主题拟一个会议通知,通知样文如下所示。

"中国开放大学远程实验学术论坛"会议通知

随着信息技术的飞速发展,5G 和人工智能时代已经到来,在线教育领域的应用不断深化。在线教学中的实践教学受到越来越多的关注。浙江开放大学和《中国远程教育》杂志定于 2020 年 12 月 18-19 日在浙江杭州联合举办"中国开放大学远程实验学术论坛",从信息技术与教育深度融合的视角,围绕开放大学教学过程中开展远程实验的问题,结合浙江开放大学虚拟仿真实验室建设的案例及其探索中的思考与感悟,就如何形成远程教育教学的虚拟仿真支撑环境,如何为远程教育人才培养模式改革提供创新动力,开展学术研讨。

一、会议研讨

1. 从教育与信息技术深度融合的视角,如何认识形成远程教育实践教学的支撑环境、为人才培养模式改革提供创新动力方面的作用和意义?

2.国内外远程实验室探索与建设中有哪些经验与启示?

3.远程实验室建设如何满足与适应远程学习者的需求,在教学改革中应当发挥怎样的作用?

4.怎样认识远程实验室在开放大学实践教学体系中的定位与探索路径?

5.开放大学远程实验室环境在构建、运行和维护中亟待解决哪些关键问题?

二、参会人员

各省开放大学分管教学副校长、教务处长,远程教育界知名专家学者及相关研究人员,教育学相关专业硕士、博士研究生等。

三、会务详情

研讨会地点:杭州花家山庄二楼报告厅。

研讨会时间:2020年12月18日-19日,会期2天。

本次研讨会每人收取会务费800元,住宿差旅费自理,请参会代表填写回执,于11月15日前发送电子邮件至meeting@zjtvu.edu.cn。

会务联系人:阮老师:0571-89903173。

附件:会议回执

《中国远程教育》杂志社

浙江开放大学

二〇二〇年十月八日

2020年中国开放大学远程实验学术论坛回执

单位:_____

姓名	性别	职称	职务	手机	E-mail	住宿要求

二、任务分析

起草会议通知是筹办会议的先期工作,十分重要。会议通知的起草一般需要注意以下两个问题:

(1)确定会议主题、时间、地点、出席人员等关键要素;

(2)按照会议通知格式编排通知文档。

三、解决任务步骤

1. 新建文档,保存文档

为便于文档管理,在D盘新建文件夹,并命名为"实训项目五"。打开文字处理软件Word选择"空白文档"新建文档,单击"文件"选项卡中的"保存"选项,单击"浏览"选项选择D盘"实训项目五"文件夹作为保存路径,文档命名为"会议通知.docx"。

2. 输入会议通知内容并排版

打开文件,按照通知样文输入,利用Word中的格式工具将标题文本设置成"宋体、三号字、居中对齐、加粗"。正文均为"宋体、四号",并将各段落格式设置为"首行缩进2个字符",主办单位署名和落款日期位置根据样文进行调整。

3. 插入表格,设计回执

单击"插入"→"表格"→"插入表格"选项,插入"7列4行"的表格,具体如图5-1所示。调整表格大小并输入表格标题行内容。

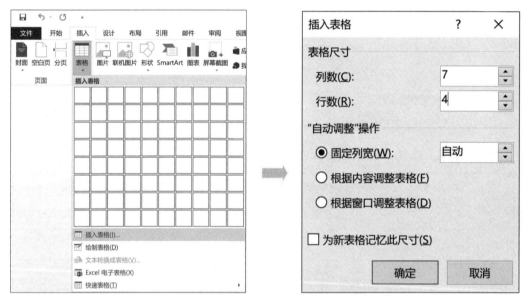

图5-1 "插入表格"对话框

4. 保存文件

单击快速访问工具栏的"保存"按钮,或者单击"文件"选项卡,并选择"保存"选项进行文件保存。

任务2　拟定日程安排

一、任务内容

会议筹备工作组核定会议的具体日程及安排,要起草并拟定日程安排表,方便与会者了解会议的具体日程安排,本次论坛的会议日程安排如图5-2所示。

2020年中国开放大学远程实验学术论坛会议日程

日期			议　程	地点	主持人
12月18日			报到	花家山庄主楼大厅	周老师
12月19日	上午	09:00–10:30	浙江开放大学党委书记致辞	花家山庄2号楼杜鹃厅	严校长
			主题报告　浙江开放大学校长 主题: 远程实践教学: 理念•环境•创新		
			浙江开放大学副校长 主题: 构建开放大学实践教学环境 推进教学改革的思考		
			浙江开放大学信息工程学院院长 主题: 开放大学远程实验云平台建设探索		
		10:30–10:50	茶　歇		
		10:50–12:00	案例报告　主讲: 林惠 博士 案例1: 情景模拟教学法在远程实验平台上的实践——以《公共组织绩效评估》课程为例		
			主讲: 严朝俊 教授 案例2: 多层次立体化实践教学的探索——土木类"工程造价管理"专业远程实验软件案例		
			主讲: 周小芳 博士 案例3: "虚实结合"的实践教学设计——远程控制实验在电工电子类课程教学中的应用		
	下午	14:00–17:20	专题研讨　1. 从教育与信息技术深度融合的视角,如何认识远程实验室建设在形成远程教育教学支撑环境、为人才培养模式改革提供创新动力方面的作用和意义? 2. 国内外远程实验室探索与建设中有哪些经验与启示? 3. 远程实验室建设如何满足与适应远程学习者的需求,在教学改革中应当发挥怎样的作用? 4. 怎样认识远程实验在开放大学实践教学体系中的定位与探索路径? 5. 开放大学远程实验室环境在构建、运行和维护中亟待解决哪些关键问题?	花家山庄2号楼杜鹃厅	邹校长
		17:20–17:40	会议总结　会议主办方领导讲话		

图5-2　会议日程安排表

二、任务分析

会议的日程安排是会议筹备中最重要的事情之一,也是会议筹备的核心工作。要制定日程安排表需要注意以下几点:

(1)会议日程安排一般以表格的形式出现,注意表格的布局设计;

(2)会议日程按照"日期""议程""地点""主持人"四项为列,安排会议的各项日程;

(3)日程内容的表述必须确定无误。

三、解决任务步骤

1. 新建文档,保存文档

打开文字处理软件 Word,新建文档并保存在 D 盘的"实训项目 5"文件夹内,文档名称为"会议日程.docx"文件。

2. 设计表格

(1)在"会议日程.docx"中,输入表头文字"2020 年中国开放大学远程实验学术论坛日程",并将文字字体设置成较为正式的"黑体"或者"华文中宋"等字体,根据表格大小调整标题字体大小。在表格标题下方插入表格,选择"插入"菜单中的"插入表格"选项,插入"7 列12 行"的表格,如图5-3所示。

图5-3 "7列12行"的表格

(2)根据图5-3的日程表表格,结合日程安排需要,将表格中的部分单元格进行合并。

单元格合并操作一般只需将目标单元格选中,并在选中的单元格上单击右键,选择"合并单元格"选项即可。最终完成的表格如图5-4所示。

2020 年中国开放大学远程实验学术论坛日程

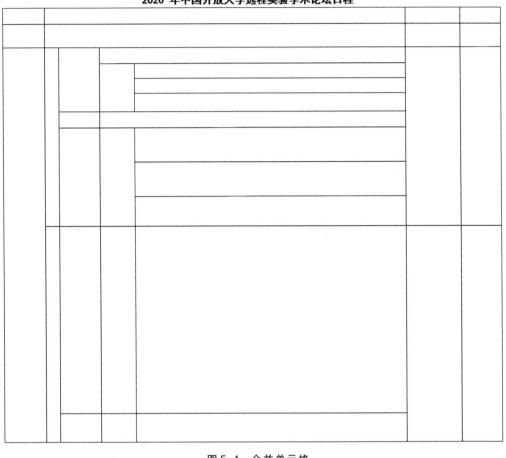

图 5-4　合并单元格

（3）根据日程安排的具体内容,按照图5-2所示,在表格中输入具体的文本,并根据文本内容的多少调整表格中单元格的大小。

3. 保存文件

单击快速访问工具栏的"保存"按钮,或者单击"文件"选项卡,并选择"保存"选项进行文件保存。

任务3　拟定专家邀请函

一、任务内容

会议准备邀请国内各级开放大学,网络学院从事远程实验研究、开发、应用的专家和教师参会。会议筹备工作组需要提前拟定专家的邀请函,并及时寄送到专家手上,具体邀请函的范文如下文所示。

2020年中国开放大学远程实验学术论坛

远程实验:支撑环境与创新动力

邀 请 函

尊敬的_____先生/女士:

　　随着信息技术的飞速发展及在教育领域应用的不断深化,基于网络的远程实验开发及其在远程开放教育实践教学中的作用受到越来越多的关注。浙江开放大学和《中国远程教育》杂志以"远程实验:支撑环境与创新动力"为主题,定于2020年12月18日—19日在浙江杭州花家山庄联合举办"2020年中国开放大学远程实验学术论坛",从信息技术与教育深度融合的视角,围绕远程实验设计开发与远程开放教育实践教学问题,结合浙江开放大学远程实验室建设的案例及其探索中的思考与感悟,就如何形成远程教育教学的支撑环境,如何为远程教育人才培养模式改革提供创新动力,以及如何在开放大学的远程实践教学的不断深化改革探索中,开展学术研讨。我们诚挚地邀请您拨冗与会,发表学术见解。

　　随函附上此次学术论坛的会议日程、会议回执和浙江开放大学远程开放实验室简介。

　　联系人:浙江开放大学信息工程学院 阮老师

　　电话(传真):0571-88886666　　E-mail:ruanls@zjtvu.edu.cn

《中国远程教育》杂志社

浙江开放大学

二〇二〇年十月八日

二、任务分析

　　在一般情况下,邀请有正式与非正式之分。非正式的邀请,通常是以口头形式来表现的。相对而言,它显得要随便一些。正式的邀请,既讲究礼仪,又要设法使被邀请者备忘。因此,它多采用书面的形式。本次论坛邀请专家学者前来参加研讨显然是正式的邀请,因此书面的邀请是必不可少的。如何拟定类似的会议正式邀请函,要注意以下几个方面:

1.邀请函的基本内容

(1)会议的背景、目的和名称。

(2)主办单位和组织机构。

(3)会议的内容和形式。

(4)参加会议的对象。

(5)会议的时间和地点、联络方式。

(6)其他需要说明的事项。

2. 邀请函的特点

邀请函的特点体现在以下三个方面。

（1）礼节性强。邀请事务使用邀请函表示礼貌。礼节性是邀请函最显著的特征和基本原则。这体现在内容的赞美肯定和礼貌用语的使用，强调双方和谐友好地交往。

（2）感情诚挚。邀请函是为社交服务的专门文书，这使得它能够单纯地、充分地发布友好的感情信息，适宜于在特定的礼仪场合，表达诚挚的感情。

（3）语言简洁明了。邀请函是现实生活中常用的一种日常应用写作文体，要注意语言简洁明了，浅显易懂。

3. 如果需要告知邀请嘉宾、专家一些补充材料，一般在邀请函最后以附件的形式呈现

三、解决任务步骤

1. 新建文档并保存

打开文字处理软件 Word，新建文档并保存在 D 盘的"实训项目5"文件夹内，文档名称为"邀请函 .docx"文件。

2. 拟定邀请函内容并输入后编辑格式

在"邀请函 .docx"文件中输入如范文所示的邀请函内容，并根据范文编辑文本格式。具体邀请函文本格式采用较为正式的字体，避免使用一些不够严肃的字体。

3. 保存文件

单击快速访问工具栏的"保存"按钮，或者单击"文件"选项卡，并选择"保存"选项进行文件保存。

任务4　整理会议资料

一、任务内容

每个会议都会有一堆会议资料，这是保证会议顺利举行的必要条件之一。如何整理好会议资料，给每一位与会者一份完整的、高质量的会议资料是一项非常重要的任务。本次会议经过会务组的精心准备，给予与会者的材料如图5-5、图5-6所示。

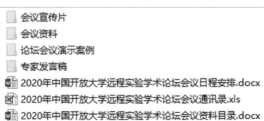

图5-5　会议电子资料文件夹

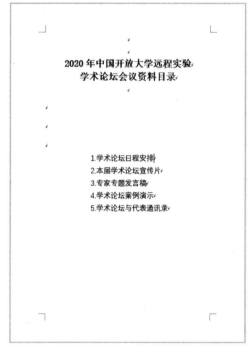

图5-6　会议资料目录

二、任务分析

　　会议资料的整理工作也并不难,关键是会议筹备期间须将会议期间相关材料都准备充分,然后根据会议日程安排的需要整理好会议资料。最重要的是做好材料的版本管理,确认材料是否为最终版本。一般将资料分类建成文件夹,并将不同类别的资料归到相应的文件夹内。为了方便与会者浏览会议资料,最好制作一个会议资料目录文件,便于链接。若文本资料不是很多,一般可以将资料分类打印并装订成册,若资料很多,一般将资料整理好后通过"会议QQ群、微信群或者钉钉群"等会议共享下载的方式,也可以通过邮件群发的方式发给与会者。

三、解决任务步骤

1. 会议资料分类

将会议资料分类,分别创建文件夹,并将资料归类。

2. 制作会议资料目录文件

　　(1)打开文字处理软件Word,新建文档并保存在D盘的"实训项目5"文件夹内,文档名称为"会议资料目录.docx"文件。

　　(2)在文档中输入如图5-6所示的资料目录,并调整字体及大小。

　　(3)选中不同资料类别,单击右键选择"超链接"选项,在超链接对话框中找到对应文件或者文件夹创建超链接,方便与会者查阅,如图5-7所示。

3.保存文件

单击快速访问工具栏的"保存"按钮,或者单击"文件"选项卡,并选择"保存"选项进行文件保存。

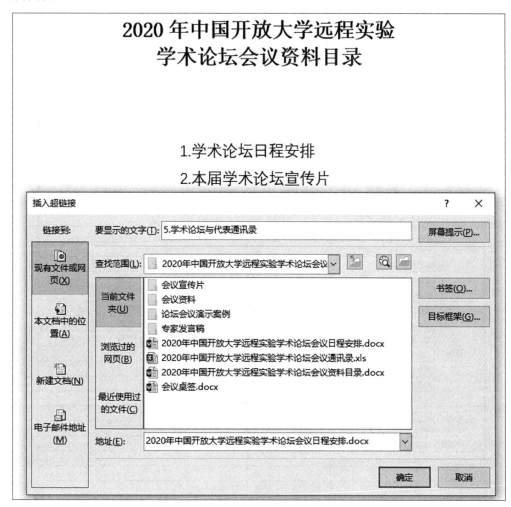

图 5-7　创建超链接

任务5　做好会议预算

一、任务内容

做好会议预算、决算是保证会议正常、顺利召开的关键,也是做好经费控制、厉行节俭的重要手段。一般会议预算、决算工作都是借助于 Excel 软件完成,本任务主要是完成会议的预算、决算表并完成本次会议的经费预算,如图5-8所示。

**会议经费预算表

会议名称:				
会议时间:		会议地点:		
参加会议代表:		人(核销费用时必须附有参会人员的到会签名清单)		
会议工作人员:		人 (核销费用时必须附有公司人员清单)		

会议费用预算表
资金来源预算

来源分类	资金来源项目	金额	单位	备注
资金来源	需单位账户转账代付		元	
	需个人现金借款用于支付		元	
	其他方式来源用于支付		元	
合计:			元	

资金支出项分类预算

支出分类	支出项目	预算金额	单位	实际金额	备注
组织费用	办公费		元		
	宣传及专用物资费用		元		
	设备租赁费		元		
	印刷、复印、打印费		元		
	场地租赁费		元		
	会场布置费		元		
	会场筹备所涉其他费用		元		
接待费	住宿费		元		住宿标准为: 元/人/天
	餐饮费		元		餐饮标准为: 元/人/餐
	烟、润水费用		元		润水标准为: 元/人/餐
	水果点心费用		元		水果点心标准为: 元/人/天
	参观活动费		元		
	接待用车辆租赁费		元		
	礼品费用		元		
劳务费	临时雇用人员劳务费		元		
	其他		元		
设备购置费	办公设备购置费		元		
其他费用			元		
			元		
合计:			元		
领导审批意见:					

会议总负责人(姓名/电话):		制表人:		时间: 日 月 年

备注:
1. "预算金额"是在申请时填写。"实际金额"则是在核销时填写。
2. 住宿费和餐饮费在核销时,必须附上合同酒店的明细对账清单。

图5-8 会议预算、决算表

二、任务分析

做好会议预算,主要是为了保证会议的正常召开,也是保证收支平衡的重要举措。一般会议经费预算包括收、支两个部分,也即经费来源和经费支出。会议经费来源主要包括以下三个方面：

（1）主办单位经费保证；

（2）上级部门经费支助；

（3）其他收入，例如会务费等。

本次学术会议经费来源比较单一，主要是主办单位经费来源和会务费收入。经费的来源方式主要采用公对公的财务转账支付和现金支付两种。根据本次会议的内容及要求，支出主要分为"组织费用""接待费""劳务费""设备购置费"和"其他费用"等项目。各个项目内根据会议的具体流程需要设立单项。

会议经费支出必须有预算和决算，因此在每项支出必须有预算金额和实际金额两项。会议预算、决算都必须有相关领导签字。

三、解决任务步骤

1. 新建工作簿并保存

打开表格处理软件 Excel，新建工作簿并保存在 D 盘的"实训项目5"文件夹内，文档名称为"会议费用预决算明细表（空）.xlsx"文件。

2. 制作预算表

将第一行中 A1 到 I1 单元格选中，单击"开始"→"对齐方式"→"合并后居中"按钮，完成单元格合并，并在合并后的单元格中输入表格标题"2020年中国开放大学远程实验学术论坛会议经费预算表"，如图5-9所示。

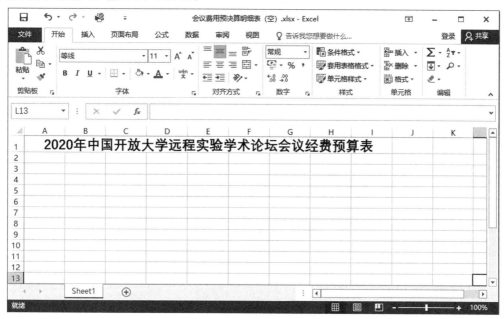

图5-9 表头

3. 与第二步类似，加入会议信息

在第 2～7 行分别采用"合并后居中"操作，并输入相应文字，如图5-10所示。

167

图 5-10　会议信息

4. 资金来源预算部分

在资金来源的表格部分，将 C、D 两列分别合并填写具体的金额，并将 F、G、H、I 四列分别合并填写备注信息，具体操作如图 5-11 所示。

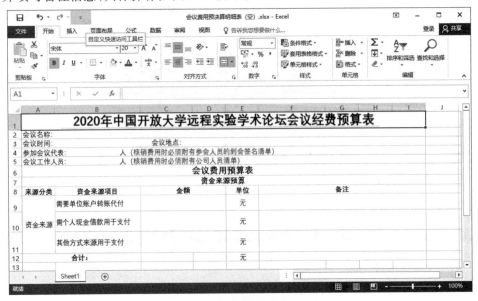

图 5-11　资金来源预算信息

5. 资金支出项分类预算部分

资金支出主要由"支出分类""支出项目""预算金额""单位""实际金额""备注"等栏目组成。其中"支出分类"主要由"组织费用""接待费""劳务费""设备购置费"和"其他费用"组成。具体的表格布局参照图5-8,具体项目如图5-12所示。

图5-12 资金支出项分类预算

6. 其他部分

领导审批意见一般放置到表格的最后,并调整好大小方便领导签字;制表人签字可以放置到表格的头部,也可以放置表格尾部;对于表格中一些特殊要求需要做解释的,可以在表格最后添加备注栏,如图5-13所示。

图5-13 其他信息

7. 表格修饰

为了能更好地显示预算表中的各块功能板块,打印表格时更加美观整洁,最后可以通过设置表格的边框线、底色等属性来修饰表格。本例通过单击"开始"→"字体"→"边框"按钮右侧的向下箭头,从下拉列表中选择所需边框完成表格的修饰,具体如图5-8所示。

8. 经费预决算

根据实际情况填入预算经费数据,并进行经费预决算。在经费来源板块的"合计"处,运用SUM()函数将经费来源的各个单元格累加,同样支出的"合计"也采用此方法。在最后总的"合计"处的金额由"支出总额"减去"经费收入总额"。

9. 保存文件

单击快速访问工具栏的"保存"按钮,或者单击"文件"选项卡,并选择"保存"选项进行文件保存。

任务6 设计并打印桌签

一、任务内容

设计并打印桌签是每次会议必不可少的工作,特别是遇到桌签使用量较大的情况,会务组打印桌签的工作人员任务特别重。本次学术会议出席会议的专家、领导、学者也非常多,需要设计打印65张桌签,桌签的设计比较简单,具体如图5-14所示。

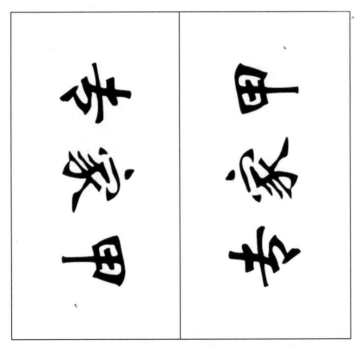

图5-14 桌签图案

二、任务分析

如果桌签数量在10张以内,一般采取手动打印也不麻烦,但是当数量超过10个,工作量较大的时候,最好采用"邮件合并"的方法进行一次性制作并打印较为方便。一般通过以下的主要步骤来完成此项任务:

(1)在Word文件中设计好桌签的图案、文字格式;

(2)在Excel文件中输入需要打印桌签的名单,需要确保名单的准确性,遇到姓名为两个字的,建议在中间用空格;

(3)在已设计好的Word文件中采用"邮件合并"的方法,在规定的位置插入"合并域",并完成格式设置;

(4)合并打印桌签。

三、解决任务步骤

在本次任务中,以打印4个桌签为例。具体任务步骤如下:

1. 新建文档并保存

打开文字处理软件Word,新建文档并保存在D盘的"实训项目5"文件夹内,文档名称为"会议桌签.docx"文件。

2. 设置桌签表格

选择"布局"选项卡,将文档的"纸张方向"改为"横向";选择"插入表格"选项卡,插入"2×1"表格,如图5-15所示。对表格设置大小,根据桌签架子的尺寸设置,例如表格单元格列宽9cm,行高14cm,如图5-16所示。选中整个表格,单击右键选择"表格属性",在弹出的对话框中设置单元格的列宽和行高,单击"确定"按钮后将表格居中,如图5-17所示。

图5-15　"插入表格"设置

图5-16　"表格属性"设置

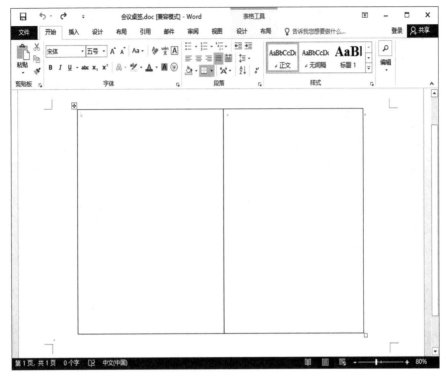

图 5-17　表格居中

3. 建立桌签名单文件

打开 Excel 软件,新建 Excel 文件。如图 5-18 所示输入桌签名单,确保名单准确,并保存文件为"桌签名单 .xlsx"。

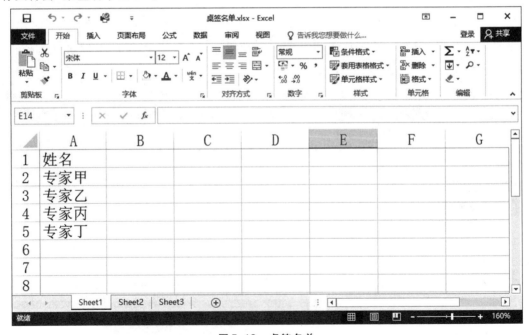

图 5-18　桌签名单

4．"选择收件人"

（1）"选取数据源"。在 Word 文件中，选择"邮件"选项卡，在"选择收件人"下拉列表中选择"使用现有列表"，如图 5-19 所示，在如图 5-20 所示的"选取数据源"对话框中选择桌签名单的 Excel 文件，并在如图 5-21 所示的"选择表格"弹出对话框中单击"确定"按钮。

图 5-19 "邮件合并"窗口

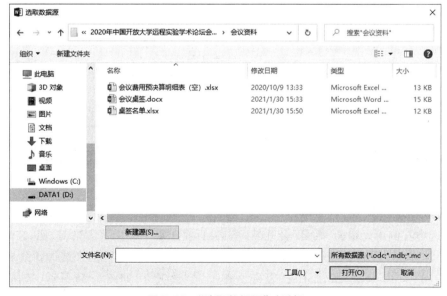

图 5-20 "选取数据源"对话框

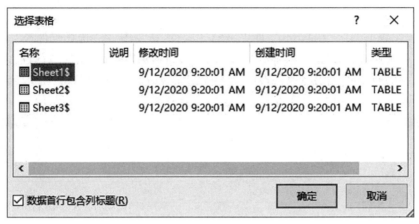

图 5-21 "选择表格"对话框

（2）"插入合并域"。单击"插入合并域"按钮,分别在两个单元格中插入"姓名"域,如图 5-22、图 5-23所示。

图 5-22 "插入合并域"对话框

5. 设置合并域"姓名"的字体格式

（1）选中左侧单元格的"姓名"合并域,单击"页面布局"→"文字方向"按钮,在弹出的下拉选项中选择"文字方向选项",如图 5-24所示;在"文字方向"对话框中选择如图 5-25所示的文字方向,单击"确定"按钮并在"表格工具/布局"选项卡,如图 5-26所示,选择"对齐方式"中的"水平垂直居中"选项,将"姓名"合并域居中在单元格正中位置。

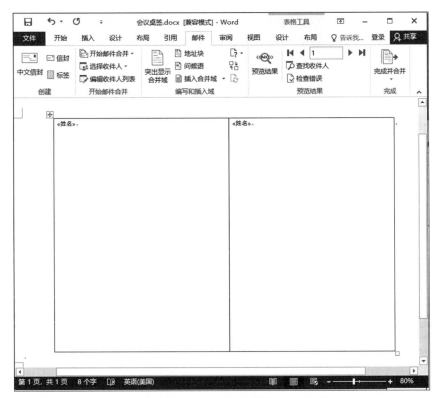

图5-23　在两个单元格分别"插入合并域"

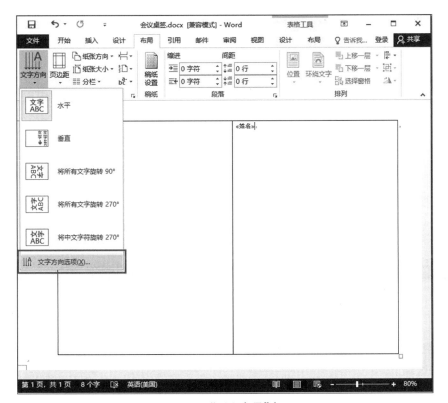

图5-24　"页面布局"窗口

图 5-25　"文字方向"对话框

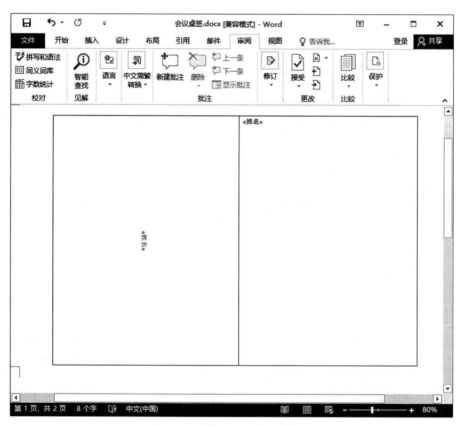

图 5-26　"表格工具/布局"窗口

　　(2)在"开始"选项卡中设置"姓名"合并域字体格式。将字体设置为"华文行楷",大小为"118.5"并加粗,具体如图 5-27 所示,如果要对字体大小进行微调,可以按住"Ctrl"+"["或者"]"进行微调。

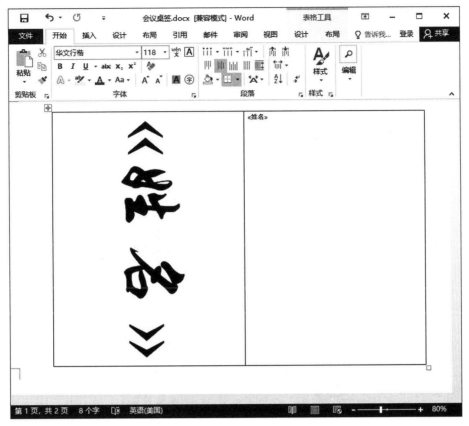

图 5-27 字体设置

（3）设置文字方向。采用同样的方法设置右侧的"姓名"合并域，并选择"文字方向"，如图 5-28 所示，最后桌签的效果如图 5-29 所示。

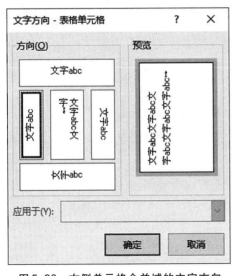

图 5-28 右侧单元格合并域的文字方向

图 5-29 桌签效果图

在"邮件"选项卡中,单击"预览结果"按钮浏览桌签的实际效果,并通过其右侧的导航按钮预览所有名单的桌签效果,如图5-30所示。

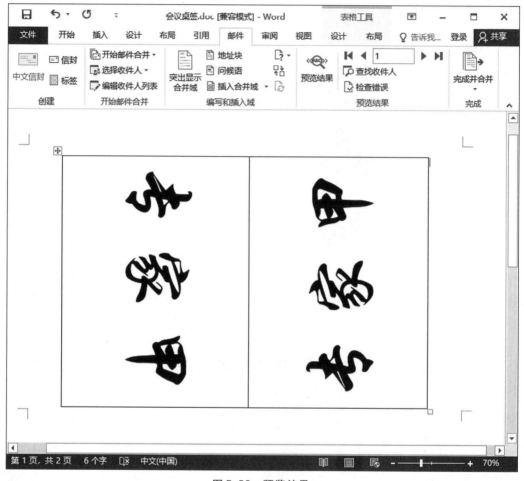

图5-30　预览结果

6.保存文件并打印

保存文件,并在"完成并合并"下拉列表中选择"打印"选项打印全部桌签。

任务7　通过邮件分发会议资料

一、任务内容

会议结束后,还有一项比较重要的扫尾工作——给每一位与会者发送会议资料。本次学术会议实际参加人数为65人,会务组务必在会议结束后的第二天将会议资料整理好,通过电子邮件分发给每一位与会者。

二、任务分析

完成本任务主要是通过电子邮件系统,将整理好的会议资料打包并群发邮件。

三、解决任务步骤

1. 将会议资料整理并打包
2. 登录邮箱,并撰写新邮件

在"收件人"一栏中使用多人群发,一般采用逗号(,)或分号(;)分隔不同的收件人邮件地址,并在"附件"栏中选择会议资料包并添加,具体如图5-31所示,本例采用学校内部邮箱系统,不同的邮件服务器操作方法大同小异,这里不再一一赘述。

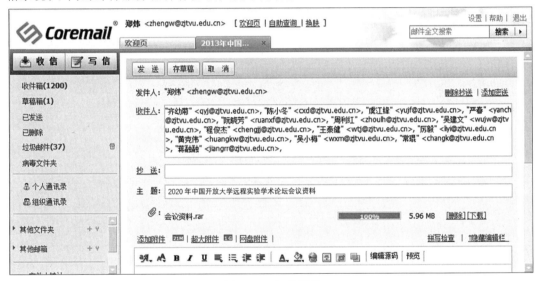

图5-31　邮件群发

3. 发送邮件

新邮件编辑完成后,单击"发送"按钮完成邮件发送,发完后仍然要关注是否有退信。如果遇到退信,需要和收件人联系,务必将会议资料送达。

项目小结

本项目是结合实际的会务工作而展开的实训项目,并将整个项目分解成"起草会议通知""拟定日程安排""拟定专家邀请函""整理会议资料""做好会议预算""设计并打印桌签""通过邮件分发会议资料"等7个具有代表意义的常见会务任务,使项目更贴近实际工作,这更符合教材实用性、应用性的特点。因此,学生学习了实训项目五后,实际动手能力能有效提高,并且对具体的会务流程、常见会务任务能较为熟练地掌握,快速进入工作状态。

项目练习

　　某公司年末在杭州黄龙宾馆要举行一次全省的工作年会,会议时间2天,公司在全省由7个分公司组成,在本次会议中与会代表将达到100人左右,公司的董事会将全体到场,董事长与总经理分别作重要讲话,7个分公司负责人也将分别汇报本年度工作业绩,会议中间将举行年终抽奖。请自行选择某一公司作为例子,根据会议的具体情况做好会务筹备工作,具体如下:

　　(1)起草会议通知。

　　(2)做好会议预算。

　　(3)拟定会议日程。

　　(4)做好会议电子背景(PowerPoint文件)。

　　(5)设计并打印桌签。

　　(6)整理会议资料等。

参考文献

［1］郑纬民.计算机应用基础(本科)［M］.北京:国家开放大学出版社,2019.

［2］郑纬民,刘小星.计算机应用基础——Windows 10操作系统［M］.北京:国家开放大学出版社,2018.

［3］刘小星.计算机应用基础——Word 2016文字处理系统［M］.北京:国家开放大学出版社,2018.

［4］齐幼菊,朱岿,曹晓丽.计算机应用基础——Excel 2016电子表格系统［M］.北京:国家开放大学出版社,2018.

［5］王然.计算机应用基础——PowerPoint电子演示文稿系统［M］.北京:国家开放大学出版社,2018.

［6］龚祥国.大学信息技术应用基础(Windows 7/Office 2010)［M］.杭州:浙江科学技术出版社,2014.

［7］齐幼菊.大学信息技术应用基础实践教程(Windows 7/Office 2010)［M］.杭州:浙江科学技术出版社,2014.

［8］恒盛杰资讯.Excel 2016高效办公实战应用与技巧大全666招［M］.北京:机械工业出版社,2018.

［9］齐艳珂.新手学PPT 2016［M］.北京:北京大学出版社,2017.

［10］凤凰高新教育.Office 2016完全自学教程［M］.北京:北京大学出版社,2017.

［11］郭海行.电脑入门傻瓜书(Windows 10+Office 2016)［M］.北京:中国铁道出版社,2016.